ゲノム革命がはじまる

DNA全解析とクリスパーの衝撃

小林雅一
Kobayashi Masakazu

a pilot of wisdom

目　次

第二章　ゲノム編集とは何か？――――――――――――86

――生物の遺伝情報を自在に書き換える技術の登場

図版作成／クリエイティブメッセンジャー

はじめに

日頃、つい食べ過ぎてしまうのは遺伝子のせい――そんな驚きの事実が英ケンブリッジ大学の調査で最近明らかになりました。

ここで注目されたのは、人間の食欲を制御する「MC4R（4型メラノコルチン受容体）」と呼ばれる遺伝子。私たちが美味《おい》しい物をたくさん食べて満腹になると、このMC4R遺伝子のスイッチがオンになり、その信号が脳に伝えられます。これによって食欲が抑えられ、もう物を食べたくなくなるのです。

今回、ケンブリッジ大の調査チームは英国の「バイオバンク」と呼ばれるデータベースから四五万人余りのDNAデータを取得。これを分析することで、MC4R遺伝子と食欲に関して意外な事実が浮かび上がってきました。

それによれば全体の六パーセントに当たる人たちは、ＭＣ４Ｒ遺伝子が常にオンの状態になっているため、普段からあまり物を食べたいとは思いません。こうした人々はほぼ全員が痩せ型で、糖尿病や心臓病にかかるリスクが標準的な人たちに比べて低いことも分かりました。

逆にＭＣ４Ｒ遺伝子が常にオフになっている人たちは、物をいくら食べても満腹感を伝える信号が脳に伝送されないため、過剰に食料を摂取してしまいます。こうした人たちは極度の肥満と、それに関連する諸症状に悩まされています。

もちろん肥満になるかどうかは、代謝の高低や脂肪細胞の多寡も関係しますが、やはり食欲を抑えられるかが一番大きいのです。

ＭＣ４Ｒが常にオフになっている人の割合や行動様式は調査中とされますが、「夜中に冷蔵庫を開けて、買いだめしておいた食べ物を平らげてしまうような人」などが当てはまる可能性が高いと見られます。

一方、大半の人たちはそれら両極端の中間にあります。つまり空腹の状態ではＭＣ４Ｒがオフですが、満腹になるとオンになって「もうたくさん」ということになります。ただし、食べている途中でスイッチが切り替わるタイミングは人によってマチマチ。オフになりがちであれば、その人は食欲が旺盛な部類に入るということです。

今、この食欲を司《つかさど》るMC4Rのような「私たちにとって切実な意味を持つ遺伝子」が世界各国の研究で次々と見つかっています。これを可能にしたのが「GWAS《ジーバス》（全ゲノム関連解析）」と呼ばれる新たな調査手法の登場です。

ここでゲノムとは「DNAに記された全遺伝情報」を意味し、遺伝子はその重要な一部を成しています。GWASでは、ときに何十万人以上ものゲノム（DNAデータ）を科学者らが集めてきて統計的に解析することで、私たちの体質や病気、あるいは外見や知能、才能などさまざまな特性に関する遺伝子をあぶり出します。

たとえばオランダの大学が最近実施したGWASでは、実に一三一万人分のゲノムを解析することにより、「不眠症」の原因となる遺伝子を一〇〇〇個近く発見しました。これから分かるように、ある種の体質や病気などには、たった一個ではなく多数の遺伝子が関与しています。

これら大規模な調査から判明した遺伝子情報は、特に医療の分野で活用が進んでいます。

二〇一九年六月、厚生労働省はいわゆる「がんゲノム医療」を保険対象に定めました。これは患者のゲノム検査から、その患者の遺伝子に合った最適な抗がん剤を選ぶ新たな治療法です。これまで、その料金は数十万円から一〇〇万円以上もするなど、一般の患者にはなかなか手が出しにくいものでした。これに今回、保険を適用することで患者の負担はおおむね数万円から十数万円程度と、自由診療のころの三分の一以下に抑えられます。

ただし保険が使えるのは、既存の治療法で治らなかった患者や希少がんの患者など約二万六千人のみ。そのうち自分の遺伝子に合った薬が見つかるのは一～二割程度と、毎年新たに「がん」にかかる患者全体（約一〇〇万人）の一パーセントにも達しません。がんゲノム医療やそのベースとなるＧＷＡＳなどの基礎研究は、未《いま》だ発展途上にあると言うことができます。

こうした中で今、急速に普及しているのが「ＤＴＣ（Direct to Consumer）」と呼ばれる「一般消費者向け遺伝子検査（ＤＮＡ検査）」です。

米国では、グーグルなどの出資を受け二〇〇六年に設立された「23andMe」をはじめ多くのＤＴＣ業者が、おおむね数十ドルから数百ドル（数千円～数万円）という比較的手頃な料金で遺伝子検査サービスを提供しています（詳細は後述）。

これらのサービスでは、各種の遺伝子に関連する病気や体質、あるいは自分の先祖などの情報を知ることができます。そのユーザー数は二六〇〇万人以上と推定されています。

日本でも多くのＤＴＣ業者が、やはり数万円程度の料金で同様の遺伝子検査サービスを提供。そのユーザー数は少なくとも一〇〇万人以上と見込まれます。

人々がこうした検査を受ける動機はさまざまですが、その根底にあるのは「自分とは一体何なのか？」という本質的な問いかけです。これに遺伝子レベルで答えてくれるのがＤＴＣであり、この点が多くのユーザーを惹《ひ》き付ける一因となっているのです。

しかし一方で、こうした遺伝子検査に否定的な人たちも少なくありません。その理由には「（値段が安いだけに）検査の信頼性に疑問が残る」など技術的な問題もありますが、それ以前に「今さら、自分の遺伝子について知ったところで仕方がない」という諦めがあるようです。

ある意味、遺伝子とは神から自分に与えられた運命であり、どのようにしても変えることができません。自分の外見や才能、性質や病気などが遺伝子に起因しており、それを自分で変えることができないなら遺伝子検査を受けても仕方がない――そんな考え方にも確かに一理あります。

ですが、これからは、この遺伝子を私たち人類の手で自在に変えることができるとすればどうでしょうか？　たとえば冒頭で紹介したＭＣ４Ｒの場合、遺伝子検査でその異常が分かっただけではどうにもなりませんが、もしもこの遺伝子を操作して変えられるなら、自分の食欲を制御し、食べ過ぎや肥満から脱却できるはずです。

それは単に食欲など体質を改善するのみならず、これまで治すことができなかったさまざまな難病を根治することも可能でしょう。

このように遺伝子の操作技術が私たちにもたらすインパクトは計り知れません。実は、そのための基礎研究や技術基盤は、すでにかなりの程度まで確立されており、今や実社会に応用されるのを待つばかりとなっています。

それはゲノム編集「クリスパー」と呼ばれる超先端バイオ技術です。

一九八六年、日本の微生物研究者らによって発見された奇妙な反復構造のＤＮＡ配列はその後、オランダの研究チームによってクリスパーと命名されました。が、これに興味を示す研究者は世界の科学界でも少なく、長らく傍流の研究テーマとなっていました。

ところが、その発見から四半世紀を経た二〇一二年ごろ、米仏などの国際研究チームがこの奇妙なDNA配列に注目し、これを「生物の遺伝子操作」に応用することを思い付きました。ここからクリスパーは、生物のゲノムを自由自在に編集（改変）する驚異のバイオ技術へと生まれ変わったのです。

もちろん、それ以前にも遺伝子を操作する技術は存在しました。一九七〇年代に米スタンフォード大学などを中心に発明された「遺伝子組み換え」と呼ばれる技術です。

以来、この技術を駆使してさまざまな農作物や家畜などの品種改良が行われ、いわゆる「GMO（遺伝子組み換え食品）」として商品化されました。それはまた医療にも応用され、希少性の免疫不全症など難病に対する治療法として実際の患者に適用されました。

しかし、こうした従来の遺伝子技術は致命的な問題を抱えていました。

それは特定の遺伝子を狙って操作できないことです。このため病気を引き起こす遺伝子異常が患者のDNA上のどこにあるかは分かっていても、それを直接修正できません。

そこで異常な遺伝子はそのまま残しておいて、代わりにDNA上の他の場所に正常な遺伝子を組み込んでやるのです。この遺伝子が正常なタンパク質を発現（生成）し、これが病気を治してくれる仕組みです。

ところが当時の技術では、この正常遺伝子を組み込む場所もまた指定できませんでした。つまり偶然に任されるため、運良くＤＮＡ上の適切な場所に遺伝子が組み込まれれば病気は治りますが、運悪く「細胞の増殖を制御する領域」などに組み込まれてしまうと、そこが破壊されて細胞の異常増殖、つまり「がん」を引き起こしてしまいます。

こうした問題を克服するため、特定の遺伝子を「狙って」操作する新たな技術の研究開発が世界的に始まりました。その集大成として生まれたのが、前述のゲノム編集技術「クリスパー」なのです。

これは「高校生でも数週間で使えるようになる」と言われるほど扱いやすい技術であると同時に汎用性に富み、地球上のあらゆる動植物の遺伝子を自在に改変できると見られています。すでに、それは農作物や家畜、魚などに応用され、従来よりも桁違いの低コストと自由度で品種改良ができるようになりました。

また医療にも応用され、既存の治療法では歯が立たなかった難病の患者らに希望の光を与えつつあります。その一部はすでに臨床研究の段階に入っていますが、基礎技術の誕生からわずか七年でその段階に達するのは通常あり得ないことです。このペースで進めば、クリスパーはいずれ医療の在り方を一新してしまうでしょう。

以上のような途方もないプラス効果の一方で、この技術の乱用も懸念されています。

特にヒト受精卵をクリスパーでゲノム編集すると、親が望んだ通りの外見や才能を備えたデザイナー・ベビーを誕生させることも可能と言われます。これはナチス・ホロコーストなどの背景にある「優生学」と呼ばれる差別思想の復活につながる恐れもあることから、各国の政府はゲノム編集の規制を検討し始めました。

その矢先となる二〇一八年一一月、「中国でゲノム編集ベビーが誕生」というニュースが世界を駆け巡りました。深圳《シンセン》・南方科技大学の賀建奎《がけんけい》・副教授が「ヒト受精卵をクリスパーでゲノム編集し、エイズ・ウイルスへの耐性を備えた双子の女児を誕生させた」と発表したのです。それによれば、夫がエイズ患者である夫婦から生まれてくる子どもを感染させないために、このようなゲノム編集を実施したといいます。

ですが、現時点のクリスパーは「ときに狙ったのとは違う場所にある遺伝子を改変してしまう」など技術的な問題が残されています。感染予防には「精子洗浄」など他の手段もある中で、あえてリスクを伴う実験的技術を使って子どもの遺伝子を改変したことに、世界的な非難が浴びせられました。

この研究結果は正式な学術論文として発表されなかったため、当初は「捏造《ねつぞう》ではないか」と疑う向きもありました。しかし二〇一九年一月、中国国営の新華社通信が「双子の女児誕生、並びに二例目の妊娠も確認」と報道したことから、「本当に生まれたのだろう」との見方が今では優勢です。

この一件を契機に一部政治家から「ゲノム編集の生殖利用を禁止すべき」との声も上がりましたが、逆に難病に苦しむ患者からは「過度の規制で有望な医療技術の芽を摘まないで欲しい」との反論も聞かれます。

最新の遺伝子検査からゲノム編集に至るまで、途方もない可能性とリスクを兼ね備えた一連の技術に、私たちは今後どう向き合っていくべきでしょうか？　本書がそれを考えるための一助となれば幸いです。

第一章　ゲノムから私たちの何が分かるのか？

――遺伝子検査ビジネスの現状と課題

遺伝子で結婚相手を選ぶ時代

「DNA婚活」という言葉をお聞きになったことがあるでしょうか？　かつてNHKのニュース番組「おはよう日本」で紹介されたことがあり、そのホームページにも放送録が残っています(1)。他にも新聞、雑誌やブログなどで盛んに取り上げられています。

それによれば、DNA婚活とは「男女の遺伝子レベルでの相性の良さをもとに、お見合いや交際をすすめるサービス」です。二〇一三年ごろからスイスやアメリカで広がり、日本でも現在、大手の婚活業者をはじめ数社が同サービスを提供しています。

こうした会社では、紹介料などに加えて数万円の遺伝子検査料を払うとDNAの相性を参考にしながら相手を紹介してくれます。すでに二〇～三〇代を中心に多数の男女が登録しており、実際に結婚まで漕ぎ着けたカップルもいるそうです。

NHKのホームページには、婚活業者の表現を引用する形で「科学で相手を選べる時代が来た」などと書かれていますが、仮に、こうして結ばれた夫婦が子どもを持てば、この子どもの将来を占う遺伝子検査もすでに存在します。

中国・深圳市にあるクリニック「中国バイオ工学技術グループ」では、美容整形手術から伝統的な中国医療まで総合的な医療サービスを提供しています。その一環である「(子ども向けの)DNA才能検査」では、音楽や数学、読解の能力、運動の才能、記憶力、さらには内向的、外交的といった性格まで、全部で二〇〇項目以上が遺伝子検査によって判明するとされます(2)。

この種の遺伝子検査としては、中国以外にも米国の「ゲノミック・プレディクション」などいくつか存在します(詳細は後述)。

これら検査の信頼性や倫理的な是非は後ほど吟味するとして、凄《すご》い時代が来たものです。

ＤＮＡに記されたＧ、Ａ、Ｃ、Ｔの文字列からなる遺伝情報は「ゲノム（遺伝子の総体）」と呼ばれ、これを検査すれば、一人の子どもが持って生まれたさまざまな才能や性格を予想し、長じては結婚相手まで決めることができるというのです。

実は、このような遺伝子（ＤＮＡ、ゲノム）の検査は以前から存在しますが、それらは主に大学や病院などで、特定の病気に関する遺伝子を分析する医学的な検査です。この検査を受けるには、患者があらかじめ医師の判断を仰ぎ、その許可を得た上で、通常で数十万円からときには一〇〇万円以上もの検査料を支払う必要があります。

こうした医学的な遺伝子検査は、高額である分だけ精度（信頼性）も高いのです。

ちなみに米国の女優アンジェリーナ・ジョリーさんが二〇一三年に乳がんの、二〇一五年には卵巣がんの予防措置として、乳腺と卵管・卵巣を切除したことを公表しましたが、その前に受けたのは医学的な遺伝子検査です。この検査で彼女は、乳がんや卵巣がんの原因として知られるＢＲＣＡ１遺伝子の異常が発見されました。

また日本では二〇一九年五月、がん患者の遺伝子を調べて、それに合った抗がん剤を探す「がんゲノム医療」のための遺伝子検査に、公的な医療保険が適用されることが決まりましたが、改めて断るまでもなく、こちらも医学的な遺伝子検査です。

これに対し、近年急速に利用者数を伸ばしている遺伝子検査は「一般消費者向け遺伝子検査」というもので、英語ではその頭文字をとって「ＤＴＣ（Direct to Consumer）検査」と呼ばれています。

つまり中間に病院や医師を介すことなく、直接、私たち消費者に提供（販売）される遺伝子検査サービスという意味です。その料金はおおむね二〜三万円程度と、比較的お手頃な価格です。要するに「安くて誰でも手が届く遺伝子検査」なのです。

今、こうしたカジュアルな遺伝子検査（ＤＴＣ）が世界的に注目されています。

中でも米国では、二〇一九年四月時点のユーザー総数は推定約二六〇〇万人（図1）。つまり米国人の約一二人に一人は、ＤＴＣサービスを利用していることになります。日本でもすでに一〇〇〜一五〇〇万人ものユーザーが存在すると見られています。

急速に普及する遺伝子検査ビジネスの歴史と現状、さまざまな問題点、さらに今後の展望などを以下で見ていくことにしましょう。

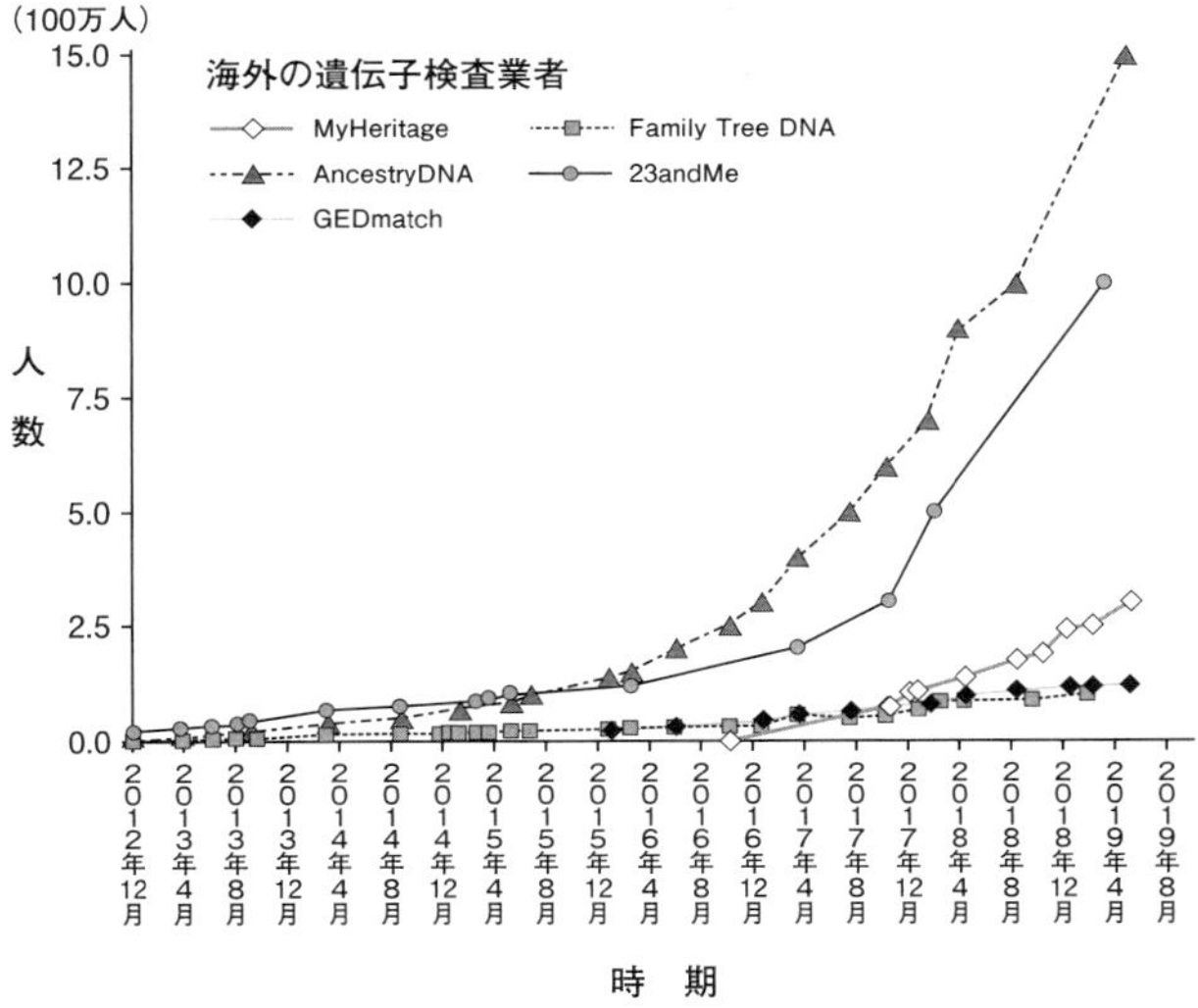

図1　遺伝子検査のユーザー数の推移（米国）
（出典／ https://thednageek.com/dna-tests/）

DTCの始まり

世界的に見てDTCの先駆けと言えるのは、二〇〇六年に米カリフォルニア州に設立された「23andMe（トゥエンティスリー・アンド・ミー）」でしょう。社名の由来は、私たちヒトのDNAを構成する二三対の染色体です。

同社創業者のアン・ウォイッキ氏は、グーグル共同創業者のセルゲイ・ブリン氏と二〇〇七年に結婚し、二〇一五年に離婚しました。また創業当初の

23andMeにはグーグルも出資しています。

こうして設立された同社は、一般消費者（ユーザー）に向けてDTC商品を、当初は九九九ドル（10万円程度）、のちに値を下げ三九九ドル（四万円程度）でインターネット直販し始めました（その後、小売り価格はおおむね一〇〇〜二〇〇ドルの範囲で変動しています）。

この商品を購入したユーザーには後日、DNAを採取するための遺伝子検査キットが23andMeから郵送されてきます。このキットに含まれるプラスチック製容器に自らの唾液を入れて、これを郵便で同社に返送します。同社はこの唾液に含まれるDNAを「DNAマイクロアレイ（別名DNAチップ）」と呼ばれる専用の検査装置で測定します。

この測定データをコンピュータで解析することにより、さまざまな病気の発症リスク、あるいは目や髪の色、適正体重、性格など身体的・精神的特徴、さらにはアルコールやカフェイン、乳製品などの消化・吸収能力のような体質、ひいては隠れた親族や先祖に関する情報などが判明します。

23andMeでは、これらの検査結果を専用のホームページ上に掲載し、ユーザーはその結果をパスワードを使って、自分だけが見ることができます。ユーザーが検査結果を見られるようになるのは、唾液入りの容器を返送してから三～五週間後です。

同社は自らのビジネスを宣伝するため、各界の著名人らを多数動員。彼らが遺伝子検査キットの容器に唾を吐き入れる「唾吐きパーティ」の様子が各種メディアで報じられるなどして、一躍脚光を浴びました。

これに刺激され、同様のＤＴＣビジネスに参入するベンチャー企業が次々と生まれましたが、それらの中には親族・先祖探しに特化した業者も少なくありません。

これは多民族国家ならではのことでしょう。米国には「自分の先祖が地球上のどこで生まれ、どこを経由してアメリカ大陸にたどり着いたのか」あるいは「自分には、どのような民族の血（ＤＮＡ）が交じり合っているのか」などに興味を抱く人が少なくありません。彼らに向けて、ＤＴＣは手軽な遺伝子検査で、これらの情報を提供してくれます。いわば「自らのルーツ探し」が、ＤＴＣ商品を購入するユーザーの主な目的となっているのです。

一方、日本では二〇一二年ごろから、一部のベンチャー企業や大手ＩＴ企業などがＤＴＣに参入して注目を浴びました。彼らが提供する遺伝子検査サービスは、基本的に23andMeなど米国のＤＴＣ業者と同じですが、米国とは対照的に、親族や先祖探しに特化した業者はほぼ見当たりません。

このようにして始まった米国と日本のＤＴＣビジネスは、その後、対照的な道を歩みます。それを比較すると、これら「カジュアルな遺伝子検査」の本質が浮かび上がってきます。まずは米国の様子から見ていくことにしましょう。

初期の挫折

二〇〇六年の創業からＤＴＣ業界をリードする23andMeは、当初それほど急激ではありませんが、順調にユーザー数を伸ばしていきました。しかし、やがて彼らは試練のときを迎えます。

二〇一三年一一月、23andMeは米ＦＤＡ（食品医薬品局）から警告を受けました。

それによれば、同社の商品（ＤＴＣ）に含まれる唾吐き用の遺伝子検査キットは一種の医療機器と見なされます。つまりＤＴＣは医療ビジネスと位置付けられるため、本来なら食品・医療分野の規制当局であるＦＤＡから正式な許認可を得なければなりません。しかし、23andMeはそれまで無許可でビジネスを行ってきたというのです。

ＦＤＡはまた、同社が提供するＤＴＣの信頼性にも疑問を投げかけました。そこに含まれる各種の「がん」や「糖尿病」など二五四種類にわたる病気の遺伝子検査は、その精度を証明する科学的根拠が欠けている――つまり「誤診の危険性がある」というのです。

また仮に検査結果が正しくても、それをユーザーが誤って解釈する恐れもあるといいます。たとえば検査結果に「貴方は病気Ａを発症する確率が通常の二倍に達します」とあったとしても、そもそも病気Ａについて通常の発症確率が〇・一パーセントであったとすれば、それが二倍になっても、しょせん〇・二パーセントに過ぎません。

本来ならそれほど恐れる事態でもないはずですが、単に「通常の二倍」と書かれているだけで大半のユーザーは不安に駆られてしまうかもしれません。つまり遺伝子検査の結果として提示される「確率」を、ユーザーが正しく解釈できるとは限らないということです。

また、当のユーザー側からもＤＴＣの信頼性に対する懸念が寄せられました。

二〇一三年一二月、米「ニューヨーク・タイムズ」紙に掲載された記事によれば、23andMeなど三つのＤＴＣ業者が提供する遺伝子検査サービスを使ってみたユーザーが、異なる業者ごとに全く異なる検査結果を受け取ったといいます。(3)ある業者による遺伝子検査では、「リューマチ」と「乾癬《かんせん》」にかかるリスクが極めて高いと判定されたのに、別の業者からは同じ病気のリスクが逆に低いと判定されたのです。

ＦＤＡは「これら検査の信頼性に関する懸念を払拭するまで、同社は疾患リスクのような医療・健康関連の遺伝子検査サービスを停止せよ」との行政命令を発動しました。

23andMe はこの命令に従わざるを得ませんでしたが、一方で「親族・先祖探し」など、ユーザーの生命・健康に差し障りのない遺伝子検査サービスの提供は継続しました。

23andMe の後を追って、他のＤＴＣ業者も同様の業務縮小に追い込まれました。

ビッグデータ解析に活路

その後 23andMe は、以上のようなサービスの一部停止により縮小傾向に転じたビジネスに再び勢いをつけるため、新規事業の開拓に乗り出しました。

それはビッグデータ解析です。

同社はＦＤＡから警告を受けた二〇一三年末の時点で、すでに五〇万人以上のユーザーを獲得していました。これら多数ユーザーの遺伝子検査から得られた、大量のＤＮＡデータ（ゲノム）は一種のビッグデータに当たります。

これを今流行《はや》りの「ディープラーニング」など先端ＡＩ（人工知能）で解析すれば、「画期的な遺伝子治療薬の開発」など莫大《ばくだい》な利益を生み出す新規ビジネスに結びつくと見られています。そもそも同社が本来やりたかったのは、こうした事業でしょう。それは科学とビジネスの両面で非常に大きな可能性を秘めているからです。

このために23andMeは、米国の製薬大手ファイザーやバイオ企業のジェネンテックなどと提携。彼らに向けて、自社のＤＴＣ事業から得られた大量のＤＮＡデータと、その解析サービスを有料で提供するビジネスを開始しました。ここで使われるＤＮＡデータは、あらかじめ23andMeがユーザーに使用許諾を求め、これを承諾した人のデータに限定されます。

また二〇一五年には、23andMe自体が新薬の研究開発に乗り出しました。

その一方でＦＤＡとも粘り強く交渉を続け、二〇一五年一〇月には、二〇一三年にサービスを停止した疾患リスク関連の遺伝子検査でも「嚢胞性線維症《のうほうせいせんいしょう》や鎌状《かまじょう》赤血球貧血など、特定の遺伝性疾患」に関する検査情報に限って、ユーザーへの提供を再開することが許可

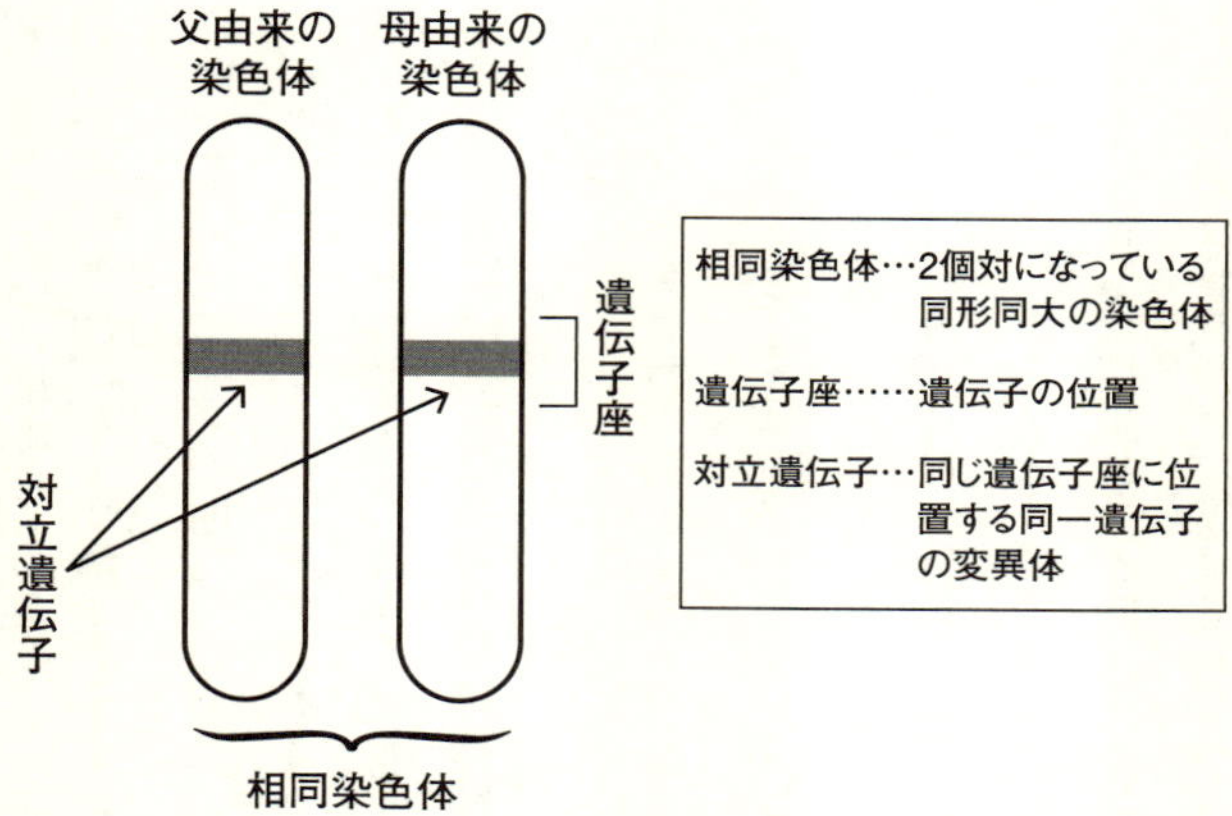

図2　ペアをなす染色体（DNA）上の対立遺伝子

されました。

これらの遺伝性疾患は一般に「（劣性の）メンデル性疾患（単一遺伝子疾患）」と呼ばれています。文字通り、DNA上に存在する、たった一か所の遺伝子（変異）により発症する希少疾患です。しかし「たった一か所」と言っても、人間が持つ遺伝子はどれも父親由来と母親由来のものがペアになって存在し、これらは対立遺伝子と呼ばれます（図2）。したがって単一遺伝子疾患とは、厳密には「一組二個の遺伝子変異によって引き起こされる病気」という表現のほうが正確です。

ここで話が若干横道にそれますが、「劣

性（recessive）」という表現について、きちんと説明しておく必要があるでしょう。この反対は「優性（dominant）」ですが、これらの表現は特に日本で誤って解釈されることが多いからです。往々にして劣性遺伝は何らかの劣った形質が親から子に遺伝したもの、逆に優性遺伝は何らかの優れた形質が遺伝したものと誤解されるケースが多いのですが、本来はそういう意味ではありません。

これらは実は、子が親から受け継いだ何らかの遺伝的形質が「現れやすい」か、それとも「現れにくい」かを意味しています。現れやすい優性遺伝では、片親からその遺伝子を受け継いだだけで、子にその形質が現れるのに対し、現れにくい劣性遺伝では、両親からその遺伝子を受け継いだときだけ、その形質が現れます。

たとえば欧米のコーカソイド（白人）は瞳の色を気にしますが、「茶色の瞳」は優性遺伝、「青い瞳」は劣性遺伝です。結果的に現れにくい「青い瞳」の白人は少数派になるので、逆に希少価値としての人気があるのでしょう。

最近では、誤解を避けるために、劣性の代わりに、「潜性」、優性の代わりに「顕性」という表現を日本遺伝学会では推奨していますが、残念ながら一般社会には今一つ浸透していないようです。しかし、こちらの表現のほうが明らかに適切なので、ぜひ浸透して欲しいものです。以下、本書でも主に「潜性」「顕性」という表現を使うことにします。

キャリア・ステイタスとは何か

さて前述のように潜性（劣性）メンデル性疾患は、父親と母親の両方から、この病気を引き起こす遺伝子（変異）を受け継いだ場合のみ発症します。逆に言うと、片親だけから受け継いだときには発症しません。その場合、この人は潜性メンデル性疾患の原因遺伝子（遺伝子変異）を保有する「キャリア（保因者）」という位置付けになります。

ＤＴＣの遺伝子検査では、ユーザーがこうしたキャリアに該当するか否かの情報を提供します。この情報は「キャリア・ステイタス（carrier status）」と呼ばれます。

ではなぜ、このような情報が必要とされるのでしょうか？　それはキャリア同士が結婚して子どもを作ると、二五パーセントの確率で父方、母方双方の遺伝子変異が生まれてくる子どもに受け継がれ、その子どもが潜性メンデル性疾患を発症するからです。

仮に、ある人の親族に潜性メンデル性疾患を発症した人がいたとすれば、その人自身も、その原因遺伝子のキャリアである可能性が出てきます。こうした場合、この人がＤＴＣを受ければ、それを確かめることができます。もしも検査で「陰性」、つまりキャリアでないことが判明すれば、それでユーザーは安心できます。

逆に陽性、つまりキャリアであることが判明した場合、万一に備えて結婚相手にも遺伝子検査を受けてもらうなど、何らかの対策を講ずることができます。これがＤＴＣにおける「キャリア・ステイタス」の持つ意義です。

疾患リスクや薬の有効性も予測

ただしキャリア・ステイタスは、ＤＴＣのユーザーにとって「自分の子どもが潜性メンデル性疾患を発症するリスク」を示す情報であって、自分自身が病気を発症するリスクではありません。

この違いは23andMeにとって非常に大きな意味があります。同社は是が非でも創業当初に手掛けていたような医療・健康情報、つまりユーザー自身の疾患リスクを提供するＤＴＣ商品を復活させたかったのです。

これが認められたのは二〇一七年のことです。この年の四月、23andMeは「パーキンソン病」や「アルツハイマー病」、さらには「第Ⅸ因子欠乏症（血友病B）」や「セリアック病（小児脂肪便症）」など希少疾患も含め、全部で一〇種類にわたる病気の発症リスク情報の提供再開をＦＤＡから許可されました。

さらに翌二〇一八年から二〇一九年にかけては、乳がん、大腸がん、Ⅱ型糖尿病に関するリスク情報の提供も再開しました（ただしⅡ型糖尿病についてはＦＤＡからの許可を得ずに、23andMeが自主判断で情報提供を再開しました）。

これらが許可された理由は、過去に指摘されたＤＴＣの問題点、つまり「遺伝子検査の精度が低い」あるいは「ユーザーが検査結果を誤って解釈する」などのリスクが解消され、これがＦＤＡのユーザー調査などによって確かめられたことにある――23andMeは自社のプレス・リリースでそう述べていました。

つまり23andMeは、二〇一三年一一月に事実上禁止された医療・健康情報に関する遺伝子検査サービスを、検査技術の改良やカスタマー・サポートの改善など自助努力、そしてＦＤＡとの粘り強い交渉によって、少しずつ復活させていったと見られます。

さらに二〇一八年一〇月には、「薬理遺伝学レポート」と称する新商品の発売もＦＤＡから許可されました。これは文字通り、薬の有効性や副作用などを予測する遺伝子検査のことです。

ある薬剤が本来の効果を発揮しないことにはさまざまな理由が考えられますが、その一つが遺伝的要因であることは間違いありません。23andMeの薬理遺伝学レポートでは、ユーザーのＤＮＡを検査して、薬理効果の要因として知られている三三か所の遺伝子変異をチェックします。

これにより「心臓発作」や「てんかん」「うつ病」など、さまざまな病気に各々投与される五〇種類以上の薬剤（処方薬と市販薬の両方を含む）が、このユーザー（患者）に効くかどうか、あるいは副作用の有無などを予測するのです。ただし、患者がこれまでの薬を変えるべきか否かなどの判断は、最終的に医師の判断を仰いでから決めることになります。

このように遺伝子検査のカバー範囲が拡大したことなどもあって、米国におけるＤＴＣ市場はここ数年で急カーブを描いて上昇し始めました（前掲の図1）。

医師と患者の力関係を変える

しかしブームに沸く中でも、DTCの信頼性（検査精度）に関する問題はくすぶり続けています。「ニューヨーク・タイムズ」紙は二〇一九年二月、この点について23andMeを厳しく批判する社説を掲載しました。(4)

この記事では医師ら専門家の意見をベースに、23andMeのDTCはさまざまな病気を引き起こす遺伝子（変異）のごく一部を検査しているに過ぎないと指摘しています。

たとえば乳がんの原因となるBRCA遺伝子には一〇〇〇種類以上ありますが、23andMeがチェックしているのは、そのうちのわずか二つ（BRCA1、2）だけです。また乳がんの発症には、遺伝的要因と共に環境的要因も大きく影響しています。これと同じことは、大腸がんなど、同社の検査対象に含まれる他の病気についても言えます。

このため同社説では「23andMeの遺伝子検査では病気の発症リスクを正確に把握することは難しい。それは『素人芸（parlor trick）』とでも呼ぶべきレベルにある。あなた（読者）がどうしても心配なら、医師と相談して病院などで提供される高精度の（医学的な）遺伝子検査を受けるべきだ」と推奨しています。

ただし、これは記事のベースとなっている医師側の見方を反映した記事であることに注意すべきです。逆に私たち消費者側から見ると全く別の側面も浮かび上がってきます。

それはDTCのような低価格の遺伝子検査によって、医師と患者の力関係に変化が期待されることです。

これまで病気の診断や治療、あるいは投与される薬にしても、患者は基本的に医師に従うしかありませんでした。しかし医師も人間である以上は間違えることもあります。彼らが提示する誤った診断、治療法、あるいは薬剤などによって症状が悪化したり、ときには死亡したりしても、これまで患者やその家族には、それを立証する手段がほとんど存在しませんでした。

しかし、これからは低料金の遺伝子検査によって、患者側でも自分の病気や体質、ひいては適切な治療法や処方薬に関するある程度の情報を持てるようになるはずです。

もちろん現時点では、DTCの精度は不十分と見られていますから、この検査結果を鵜《う》呑《の》みにすることは危険かもしれません。しかし今後の技術革新に伴い、DTCの検査精度が高まっていくのは時間の問題です。

結果、これまで圧倒的に医師側に傾いていた力関係が、多少なりとも患者側へと引き戻される――ここにＤＴＣの持つ大きな意義が見て取れます。

とはいえ、少なくとも現時点で23andMeが提供する疾患リスク情報は、パーキンソン病や乳がんなど一〇種類余りの病気に関する発症リスクと、潜性メンデル性疾患のような希少疾患のキャリア・ステイタスだけです。つまり本来、ユーザーにとって重大な意味を持つ医療・健康情報については、かなり限られたサービスしか提供できていないのです。

ルーツ探しの思わぬ結末

ではなぜ、それらの問題や限界にもかかわらず、23andMeをはじめＤＴＣは多くの利用者を獲得しているのでしょうか？　米国のユーザーが遺伝子検査を受ける最大の動機は、実は隠された親族（血縁関係）や先祖など自らのルーツ探しです。

彼（彼女）らは人生のある時点で、何らかの偶然によって自分の出自を知らされます。たとえば教会の修道女たちが井戸端会議をするのを物陰から立ち聞きし、自分が実は養子であったことを知るといったケースです。これを確かめるためにＤＴＣの遺伝子検査を受け、それによって自分の生物学的親族を見つけ出します。

そこで最初に見つかるのは往々にして遠い親戚なので、これを起点にして以降はソーシャル・メディアや家系図専門家（genealogist）らの力を借りて、徐々に近親者を探り当て、最終的に自分を生んだ両親にたどり着くこともあります。

二〇一八年、米「サイエンス」誌に発表された論文によれば、米国で欧州系のルーツを持つ人たち（白人）の約六割は、ＤＴＣのＤＮＡデータベースから近親者を探り当てることができるといいます。[5] 一方、アフリカ系やヒスパニック（中南米）系、あるいはアジア系のルーツを持つ場合には、まだ、そこまでは至っていません。

以上とは対照的に、ユーザーが意図せずに、つまり偶然、自らの出生の秘密をＤＴＣから知ってしまうこともあります。たとえば仲の良い兄弟、あるいは姉妹らが、アレルギー体質や遺伝性疾患のリスクなどを知るため一緒にＤＴＣを受けたところ、実は自分たちの親のどちらかが違うことを知る、といったケースです。

同じ両親から生まれた兄弟（姉妹）の場合、彼らのＤＮＡは約五〇パーセント一致しますが、異父兄弟、あるいは異母兄弟の場合、その一致率は約二五パーセントになります。つまり遺伝子検査でハッキリと違いが出てしまうのです。

仮に異父兄弟であることが判明した場合、彼らはあるとき、思い切って母親に真相を問い質《ただ》します。すると母親は兄弟二人のうちのどちらかが、彼女の婚外交渉、いわゆる不倫によって生まれたことを白状するといったケースが多いようです。

米オクラホマ大学の人類学者カーミト・アンダーソン博士の調査によれば、自分の子どもとの血縁関係に疑問を抱き、それを確かめるために専門的な遺伝子検査を受ける米国人男性の約三〇パーセントは、その子どもが、生物学的には実の子でないことを知るそうです。(6)

逆に、「自分は絶対にこの子の実の父親だ」と確信している場合でも、本当はそうでないことが全体の一・七パーセントに達します。これらを総合的に考え合わせると、米国の父親全体の二〜三パーセントは知らずに違う男性の子どもを育てている——アンダーソン博士はそう推計しています。

これら専門的な遺伝子検査は、ユーザー（父親）がある程度覚悟して受けるので、相応の心構えはできています。これに対し、前述のように子ども側が別の目的でＤＴＣを受けて、偶然、自らの出生の秘密を知ってしまった場合、やはりショックは大きいようです。

もっとも、彼らの多くは遺伝子検査を受けた時点で成人に達しているので、ヒステリックに騒ぎ立てることはほとんどありません。しかし生真面目な性格の持ち主である場合、自らの人生がある種の嘘《うそ》から始まっていると感じて、深く傷ついてしまうこともあります。逆に、そこまで思い詰めない人もいます。

米デラウエア州で銀行に勤務する四三歳の男性はあるときＤＴＣを受け、それによって一〇年以上前に他界した父親が実の父ではないことを知りました。母親に問い質したところ、彼の実の父は、今は亡き父親だと思っていた男性の親友であることを知らされました。(7)

この親友はまだ存命していたので、この男性ユーザーは彼に連絡して真相を確かめ、面会の約束を取り付けました。そして実際に会ってみると、この二人はとても気が合ったので、その後もときどき会って話をするようになりました。あるとき、この男性は実の父からある場所に案内され、「ここで、お前のお母さんがお前を身籠もったと思う」と言われたそうです。

このような隠された血縁関係の一方で、自分の人種や先祖の出身地などルーツを探るためにＤＴＣを受ける人も少なくありません。米国の国勢調査では、国民を「黒人」「白人」「ヒスパニック」などと分類していますが、本人の自分に対する見方と遺伝子検査の結果は完全に一致するわけではありません。

たとえば自分を黒人と考えている米国人のＤＮＡ（遺伝子）を検査すると、平均でそのうち七三・二パーセントがアフリカ系（黒人）、二四パーセントが欧州系（白人）、〇・八パーセントが先住アメリカ人系のＤＮＡです。逆に自分を白人と考えている米国人の三・五パーセントでは、そのＤＮＡの一パーセント以上はアフリカ系です。一方、ユダヤ系に分類される人たちは、集団内部で結婚する割合が極めて高いので、ＤＮＡ検査では簡単に「ユダヤ系」と判定されるそうです。一般にユダヤ人とは文化的・宗教的な集団であり、人種的な集団ではないと言われているので、ＤＮＡ検査から判定できるというのは筆者には意外でした。

一方、ユーザーの先祖の出身地については、人種よりもはるかに検査精度が落ちます。たとえば同じアフリカ系でも、アフリカの一体どの国の出身なのか、ということは現在の

ＤＴＣではよく分かりません。また同じスラブ系米国人でも、先祖がロシア出身なのかポーランド出身なのかをＤＴＣで識別することは極めて難しいとされます。

これは北東アジア系の人たちについても言えます。

あるニューヨーク在住の韓国系アメリカ人（男性）が受けたＤＴＣでは「（貴方のＤＮＡは）約六〇パーセントが韓国人、四〇パーセントが日本人」と判定されたのに、その三年後には「九五パーセントが韓国人、五パーセントが日本人」と判定結果が変更されたため、遺伝子検査を受けた当人が戸惑ってしまいました(8)。

このようにＤＴＣの判定結果が大きく変わる理由の一つは、わずか数年の間にも新しいデータや研究成果が追加されることで、それが遺伝子解析に反映されるからです。

しかし、より本質的な理由は、日本人と韓国人のＤＮＡは科学的に識別することが極めて難しいということでしょう。これら二つの民族の違いは、実は両国の歴史や文化などの違いを反映したものであり、遺伝学的には日本人と韓国人のＤＮＡはほぼ同じと考えるのが妥当かもしれません。

これと同様のケースは英国人とドイツ人、あるいはイタリア人とスペイン人などの間でも報告されており、ＤＴＣを受けたユーザーは自分のアイデンティティを見定めるのに苦労しています。しかし本来、それはＤＴＣでは分からないものなのです。

娯楽的な側面も

米国のＤＴＣユーザーの中には、これを一種のエンターテインメントと受け止めている人も少なくありません。たとえば23andMeでは、ルーツ探しの一環として「ネアンデルタール人の比率」という項目があります。

ネアンデルタール人は今から約四〇万年前、地球上に出現したヒト属の一種で、その後、出現した（私たちの祖先に当たる）ホモ・サピエンスとは別種の人類です。

しかし二〇一〇年、米「サイエンス」誌に発表された調査研究により、ネアンデルタール人とホモ・サピエンスの間で一部交雑（性交渉）があったことが分かりました。この結果として私たち現代人のＤＮＡにもネアンデルタール人のＤＮＡが微量だが混入しており、その混入率がＤＴＣにより判明するというのですが、明らかにエンターテインメント的なサービスと見ていいでしょう。

あるいは、ＤＴＣの検査対象に含まれる身体的特徴には「目」や「髪」の色などが代表的な検査項目として用意されていますが、これらはユーザー自身があらかじめ承知しているることです。しかし遺伝子検査でそれらを改めて指摘されると、「あー、当たっている。やはり遺伝子から分かるんだな」という一種の満足感が得られます。ちょうど日本で盛んな血液型による性格判定のような面白さを味わうことができるのでしょう。

他にも変わったところでは、「高所恐怖症」や「ミソフォニア（misophonia）」などがＤＴＣの検査項目に含まれています。

このうち「ミソフォニア」とは、他人が発する音を極度に嫌がる性質のことです。ひょっとしたら筆者もその一人で、「他人が食物を口の中で咀嚼《そしゃく》するときに出すピチャピチャという唾液の音」が大嫌いです。が、一方で電車の中で他の乗客のスマホや携帯プレイヤーから漏れ出す音楽などはあまり気になりません。

ですから果たして、これらの性質が本当に遺伝子検査から分かるかどうかは怪しいのですが、米国のユーザーにとってはたまたま当たっているだけでも、やはり一種の驚きと満足感を与えてくれるのでしょう。こうした点から見ても、ＤＴＣには娯楽的な側面が少なからずあると言えそうです。

信用できる項目とできない項目が混在

以上、米国におけるＤＴＣ（一般消費者向け遺伝子検査）の現状を見てきましたが、現時点におけるその最大の問題は、検査項目によって精度に大きなバラツキが見られることです。

たとえば医療・健康関連の検査項目では、前述の潜性メンデル性疾患のキャリア・ステイタスが格好の事例でしょう。これら特定の希少疾患の各々を引き起こす、たった一か所の遺伝子変異は、過去の科学的な研究成果により明確に判明しています。

ＤＴＣでは、ここをピンポイントでチェックしています。このため、少なくとも数十万円もかかる医学的な遺伝子検査をあえて受けなくても、安いＤＴＣで十分に、これら希少疾患のキャリア・ステイタスは判定できるのです。ただし、そこで潜性メンデル性疾患を引き起こす遺伝子変異が見つかった場合、ユーザーは念のため医学的な遺伝子検査を受けて、これを確認するケースが多いようです。

一方、各種のがんや糖尿病など現代人がかかる病気の多くは多因子疾患であり、その原因となる遺伝子変異（異常）が多岐にわたる上、その全部は未だ判明していません。また、これらは「生活習慣病」とも呼ばれるように、日ごろの食生活や運動量など環境要因によっても、その発症が大きく左右されます。こうした複雑な病気の発症リスクを正確に突き止めるには、ＤＴＣでは力不足と見られています。

このように病気の種類によって正確に判定できるケースとできないケースがあるのですが、ＤＴＣではこれらが混在しています。

同じことは、他の検査項目についても言えます。たとえばユーザーの近親者を探す上でＤＴＣは非常に有効です。これは血縁関係が近い人から遠い人へと移行するにつれ、ＤＮＡの一致率が五〇パーセント、二五パーセント……という形で明らかに半減していくからです。つまりＤＴＣで判明した血縁関係はまず間違いないのです。

これに対し、前述の「ネアンデルタール人の比率」などは素人が考えても怪しげな検査項目ですが、これは一種の娯楽ですから、たとえ間違えていたとしても、それ自体は問題ありません。

ですが、このようにDTCで正確に分かることと分からないこと、あるいは真面目に受け止めるべき検査項目と、単なる娯楽として受け止めるべき項目が並存していることは、ユーザーの間で混乱や誤解を招く恐れがあります。

以上、米国のDTCを詳しく見てきましたが、日本のDTCは技術的には米国とほぼ同じです。しかし両国の政府当局による規制の違いによって、日本のDTCサービスは米国と対照的な内容になっています。

この点を念頭に以下、日本における「一般消費者向け遺伝子検査サービス」を見ていくことにしましょう。

日本のDTCが歩んだ道程

日本で一部業者によるDTCビジネスが始まったのは、二〇〇〇年代後半と見られています。

当初は「アルコール代謝酵素」つまり「お酒が飲めるか飲めないか」、あるいは「肥満」や「肌の老化」「骨粗鬆症《こつそしょうしょう》」などに関する個別の遺伝子検査を、それぞれ数千円の料金で提供するなど小規模なサービスから始まりました。

その後、二〇一三年六月に東京大学の大学院生らが設立したベンチャー企業「ジーンクエスト」、あるいは二〇一四年四月に大手ＩＴ企業の子会社として創業した「ＤｅＮＡライフサイエンス」など多数の業者がＤＴＣに参入しました。このうちジーンクエストは、二〇一七年にミドリムシの活用で知られるバイオ企業「ユーグレナ」に買収され、その子会社となりました。

彼らは各種病気の発症リスクなどを中心に、数百項目にもわたる遺伝子検査サービスをパッケージ商品として提供。これがメディアに取り上げられ、日本の一般消費者の間でも遺伝子検査に対する関心が高まっていきました。

これらＤＴＣ業者が提供する遺伝子検査サービスは、基本的にかなり共通しています。米国同様、インターネット通販で販売されるケースが多く、小売価格はおおむね三〜五万円程度と米国などより若干高めです。いずれも各種病気の発症リスクや何らかの体質などヘルスケアを中心に、三〇〇種類前後にも上る検査項目をパッケージで提供しています。

これをユーザーが注文すると、すぐに業者から遺伝子検査キットが郵送されてきます。

このキットに含まれる容器に唾液を入れて業者に返送すると、そこでDNA上の数十万か所に上るSNP《スニップ》（「一塩基多型」と呼ばれる遺伝子変異。詳細は後述）が解析され、約三～六週間後に、その解析結果（検査結果）が業者のホームページ上で閲覧できるようになります。もちろんパスワードを使って、ユーザー本人しか見られないようになっています。

そこからユーザーは「糖尿病の発症リスクは（自分は）平均に比べて一・五倍、肺がんは一・六倍、脳梗塞は〇・八倍……」といった形で検査結果を見ることができます。これらヘルスケア情報に加えて「先祖情報」、さらに業者によってはスポーツなど「才能」に関する検査項目を提供するケースもあります。

このようなDTC商品が日本で発売された当初、新聞をはじめメディアからは、物珍しさも手伝って好意的に報道されましたが、実際に使ってみたユーザーの反応は今一つでした。前述のように、米国ではDTCの検査精度に対して一部ユーザーから懸念が寄せられましたが、これと同じことが日本でも起きたのです。

たとえば、ある業者の遺伝子検査では特定の病気にかかる危険性が極めて高いと判定されたのに、別の業者の検査では同じ病気にかかる危険性が逆に低いと判定されました。これは遺伝子検査でチェックするSNPや、それらを解析する際の根拠となる科学論文などが業者によって異なっていたためです。

このため「遺伝子検査は占いと同じ」とまで、こき下ろす報道も見られました(9)(10)。また一部DTC業者はユーザーに対し「貴方は肥満遺伝子を持っています。ぜひ、当社のダイエット・プログラムに加入してください」といった胡散臭《うさんくさ》いサービスを提供するなどしたため、業界全体のイメージ低下が危惧されました。

そこで二〇一五年一〇月、日本でDTCビジネスを手掛けるヤフーやDeNAライフサイエンスなど約三〇社（当時）が加盟するNPO法人「個人遺伝情報取扱協議会（CPIGI）」がサービスの品質保証に乗り出しました。彼らは「個人遺伝情報を取り扱う企業が遵守すべき自主基準」を設け、これに従う業者を信頼性の高い正式な遺伝子検査業者として認める「CPIGI認定制度」を設けました。

しかし、こうした業界側の自助努力にもかかわらず、日本のDTCビジネスは今一つパッとしませんでした(11)。

前述のCPIGIが二〇一七年八月に公表した、消費者一〇七二人を対象としたアンケート調査によれば、「DTCを利用した経験がある」と答えた人は全体の四パーセント。逆に「興味はあるが利用したことはない」が六三パーセント、「存在は知っていたが興味がない」が二四パーセント、「存在を知らなかった」が一〇パーセントでした。全部の回答を加算すると一〇〇パーセントを超えてしまいますが、小数点以下を四捨五入したためでしょう。

このうち「興味はあるが利用したことはない」と答えた六七二人に対して、その理由を複数回答で尋ねたところ、最も多かったのは「検査の内容をどこまで信じていいか判断できないこと」(五七パーセント)、続いて「知りたくないリスク(疾患リスクなど)を知ってしまうこと」(五三パーセント)、「万一、個人情報が流出した際に差別を受けるかもしれないこと」(三二パーセント)の順でした。

これらの回答を見る限り、やはり遺伝子検査の信頼性に対する懸念が、サービス普及のネックになっているようです。また検査結果を知らされても、そこから「具体的に何をしたらいいのかがよく分からない」という声もユーザーからは聞かれます。

日米のDTCは検査項目が正反対

これらユーザーの冴《さ》えない反応には、米国と比べて甘い日本の規制環境も影響していま す。

前述のように、23andMeをはじめ米国のDTC業者は事業開始から数年後の二〇一三年に、FDAから「遺伝子検査の精度に問題がある」などの理由で、病気の発症リスクに関する検査サービスの停止を命じられました。

このような厳しい規制を行ったのは、FDAがDTCを一種の「医療行為」と見なしたからです。医療であるからこそ、それにふさわしい高い信頼性が求められる。しかし、少なくとも二〇一三年時点では、DTCの検査精度はその域に達していないと判定されたのです。

その後、DTC業者はFDAとの粘り強い交渉の末、まず一部「メンデル性疾患（単一遺伝子疾患）」に関するキャリア・ステイタス、さらに「乳がん」や「大腸がん」など、ごく限られた病気の発症リスクに関する検査サービスの再開を許可されました。

しかし、それ以外のがんや心臓病をはじめ、いわゆる「成人病」や「生活習慣病」など多因子疾患については遺伝子検査の対象範囲に含まれていません。それはＦＤＡからの許可が下りていないからです。

こうした米国の状況とは対照的に、日本のＤＴＣ業者は創業時から現在に至るまで厚生労働省から厳しく規制されたことはありません。

彼らが一貫して提供してきた遺伝子検査サービスには、各種のがんから心臓・循環器疾患、さらには脳・神経疾患まで優に一〇〇種類を超える病気が検査項目として含まれており、その大半は多因子疾患です。これらはＦＤＡが「遺伝子検査の精度が不十分である」との理由で、米ＤＴＣ業者に検査サービスの停止を命じたものばかりです。

しかし日本の厚生労働省は、これら多因子疾患の遺伝子検査サービスを容認しました。結果、日本のＤＴＣ（の検査項目）には米国とは桁違いに多数の病気が含まれています。

日米の規制の違いに関して、もう一つ特筆すべき点があります。

米ＦＤＡが「嚢胞性線維症」や「鎌状赤血球貧血」など一部の潜性メンデル性疾患の遺伝子検査サービスを許可したのに対し、厚生労働省はこれを許可していません。

以上の点から見て、病気の発症リスクに関するＤＴＣの検査項目は、日米でほぼ正反対の内容になっていると言っていいでしょう。

検査項目が日米でひっくり返った理由とは

こうした違いの大前提となっているのが、日米の規制当局のＤＴＣに対する見方です。日本の厚生労働省はＤＴＣを医療ではなく、あくまでもヘルスケア（健康管理）事業と見なしています。これは、ＤＴＣを医療と見なした米ＦＤＡとは極めて対照的です。このような基本的スタンスの違いが、両国間の規制の違いとなって現れているのです。

たとえば、前述の潜性メンデル性疾患については、これら希少疾患の原因遺伝子はピンポイントで特定されているため、病気との因果関係が明確に判明しています。つまり「この遺伝子（変異）のせいで、この病気が発症する」ということがハッキリ分かっているのです。

この種の病気であれば、ＤＴＣのように比較的簡便な遺伝子検査でも、かなり正確に判定できます。しかし、そのように高い精度で病気のリスク判定を行うことは、日本では医師法上の「医療行為（病気の診断）」に該当します。だから、これらの病気を、あくまでヘルスケア・サービスと位置付けられるDTCの検査項目に含めることができないのです。

逆に各種のがんや糖尿病をはじめ多因子疾患に関するDTCが日本で容認されたのは、これら病気の原因遺伝子が、現時点で未知のものも含め多岐にわたる上、日ごろの食事や運動、喫煙など生活習慣（環境要因）も発症に大きく影響しているため、遺伝子検査だけでは発症リスクを正確に判定できないからです。

つまり正確に判定できなければ、遺伝子検査サービスは医療行為に該当しない。ゆえに、それはヘルスケア事業として許容されるという理屈です。

この結果、日本のDTC業者は「遺伝子検査をすれば、ほぼ正確にリスク判定できる」病気の遺伝子検査は行わず、「遺伝子検査だけでは、正確なリスク判定が難しい」病気の遺伝子検査は行うという皮肉な事態になっています。これは前述の米国とは正反対の状況です。

以上のような日米の違いについては、人によってさまざまな見方があるでしょう。が、筆者の私見を許してもらえるなら、あくまで「DTCの検査精度」を優先した米FDAによる規制のほうが、よりユーザー側の立場に立っていると思われます。

これとは対照的に、最初から「ＤＴＣは医療なのか、それともヘルスケアなのか」という形式的な点に着目した厚生労働省の規制は、ＤＴＣ業界と、医師会に代表される医療業界の双方に配慮しているように思えてなりません。

つまりＤＴＣ業界側は遺伝子検査の項目数をなるべく増やしたいし、万一、疾患リスク判定の誤りなどによってユーザーに何らかの健康被害が生じた場合、そうした事故から免責されたいでしょう。「このサービスは医療ではない」と断れば免責されるはずです。

一方、医療業界側は単一遺伝子疾患のような「精度の高い遺伝子検査」はあくまで医療の領分として確保したいはずです。前述のような厚生労働省の規制内容は、これら双方の思惑に合致しているように見えます。

しかし肝心の我々消費者は、遺伝子検査が医療行為なのか、それともヘルスケア・サービスなのか、ということを本当に気にするでしょうか？　むしろ遺伝子検査の精度が高いかどうか、つまり「その検査結果が本当に信用できるかどうか」のほうが私たちにとって重要ではないでしょうか。

たとえば、前述のように同じ病気に関する遺伝子検査の結果が業者によって異なるようでは、消費者が困惑してしまいます。たとえ厚生労働省やＤＴＣ業者から「これは医療ではなく、あくまでヘルスケア・サービスですから、あまり心配しないでください」と言われたところで、何の慰めにもなりません。

実際、ＤｅＮＡライフサイエンスが提供する遺伝子検査サービス「マイコード」では、過去に利用者が結果レポートを見て医療機関に相談に行ってしまうこともありました[12]。ですから「検査」と名乗る以上は、その法的な位置付けよりも精度が優先されるべきでしょう。

現場から見た遺伝子検査サービスの現状と展望

さて、ここまで日米の遺伝子検査ビジネスを紹介してきましたが、若干筆者の主観に傾いてしまった感があります。以下では逆に、こうしたサービスを提供するＤＴＣ事業者側から、その現状を語ってもらいましょう。

日本で早くからＤＴＣビジネスを開始した企業の一つが、ＤｅＮＡライフサイエンス（本社・東京都渋谷区）です。大手ＩＴ企業の子会社として二〇一四年四月に設立された同社は、遺伝子検査サービス「マイコード（MYCODE）」の他、ユーザー向けの健康相談など検査に付随する「MY健康サポート」も提供しています。

MYCODEグループ・グループマネージャーの砂田真吾《すなだしんご》氏によれば、創業以来、マイコードのユーザー数は継続して増加しており、二〇一九年一月の時点で、非公式の数字ながら「おおよそ一〇万人くらい」に達しました。また日本のDTC業界全体のユーザー数は「あくまで推測ですが一〇〇～一五〇万人くらいではないか」と見ています。

マイコードでは最大一五〇種類に上る病気の発症リスク、そして最大一三〇項目にわたる体質や見た目の特徴などに関する検査メニューを用意しています。これらは「ヘルスケア」と総称されますが、これに加えてユーザー自身のルーツを探るための遺伝子検査「ディスカバリー」も提供しています。

このうち販売総数の約九割は「ヘルスケア」、つまり病気の発症リスクや体質などに関する遺伝子検査が占めています。これはルーツや親族探しを主な目的とする米国のDTCとは対照的です。これら日米の違いを中心に、砂田氏にインタビューしました。以下はその一問一答の様子です。

――米国と日本で、DTCの利用目的が大きく異なるのはなぜでしょうか？

米国では、趣味の一つとして、家系図作りやご自身のルーツを探すことが人気のようです。米国で提供しているDTCの遺伝子検査サービスには、遺伝子情報と国勢調査や婚姻・入国・兵役などの記録、また古い新聞などの情報から、ご自身の家系図を作ることができたり、親戚を探せるサービスもあるようです。そのような背景もあり、遺伝子検査の人気の一因となっているのではと考えています。

これに対して、日本では米国のようなサービスがありませんし、ご自身の情報をオープンにして、親戚といえども他のユーザーとマッチングするようなことにも抵抗があるため、発症リスク予測や体質の遺伝的傾向の提示サービスで完結しているのだと思います。

――日米DTCの違いについて、もう一点は、米国のFDAは基本的に、遺伝子だけでは判定できない生活習慣病など多因子疾患の遺伝子検査は原則禁止して、遺伝子だけで判定できる一部の潜性メンデル性疾患（先天性疾患）の遺伝子検査は許可している。日本の厚生労働省はその逆のスタンスですが、どちらかと言えばＦＤＡのほうが正しいと思いませんか？

ここは米国と日本のスタンスの違いがあるかもしれません。弊社を含めた国内のＤＴＣの遺伝子検査サービスは、あくまでも医療行為ではなく、ＤＴＣの「遺伝子検査サービス」として、提供しています。そのため、現状のようなリスク予測による検査結果を返していることこそ、妥当だと考えています。

――しかし他方で、許可されている多因子疾患については、日本のＤＴＣユーザーから遺伝子検査の信頼性（精度）に対する懸念、あるいは「検査結果が分かっても、具体的に何をしたらいいのか分からない」という声も聞かれるようですが？

マイコードでは、東京大学医科学研究所と共同でリスクモデルを構築しており、根拠となる学術論文やSNPの選定基準、発症リスクの算出法をユーザーに公開しています。検査項目により、発症要因の割合は異なりますが、主な疾患（胃がん、肺がん、大腸がん、前立腺がん、乳がん、冠動脈性心疾患）では、遺伝要因が約三割、生活習慣などの環境要因が約七割影響していると言われています。

このように、遺伝子検査の結果でリスクが高いからといって、必ず発症するというわけではありません。生活習慣を変えることで発症リスクを軽減できる可能性は高いとする研究もあります。

環境要因については、お客様ご自身に日ごろの生活習慣に関する情報を入力して頂き、これを基に食事や運動などに対するアドバイスをウェブ上のコンテンツとして提供しています。あるいは管理栄養士らが具体的なレシピなども提案しています。

たとえば私の場合ですと、糖尿病のリスク判定が非常に高いんですよ。それからBMI（体格指数）も肥満の一歩手前ですので、「もう少し運動量を増やして野菜を多くとるようにしましょう」、あるいは「普段、お酒の量が多過ぎるので控えましょう」といったアドバイスになるわけですね。

——それが現在のサービスということですが、ユーザーの数を今後、もっとぐっと伸ばしていこうとした場合、何をしたらいいでしょう?

日本ではＤＴＣ自体がまだ一般的に認知されていないので、そもそも遺伝子検査サービスとはどういうもので、それによって何が分かるのかを広く消費者の皆さんに知って頂くＰＲ活動が必要です。いずれは健康診断や血液検査などと同じレベルにまで普及させたいと考えています。

——そのためには、ＤＴＣの小売価格(業界全体を通して三〜五万円程度)が今後劇的に、つまり一、二桁下がれば、ユーザー数はどっと増えると思いませんか?

そう思います。正直、価格が一つのハードルになっていることは否めません。

――米国の23andMeは多数のユーザーから集めた遺伝子（DNA）データを匿名化して製薬会社などに提供し、新薬の開発に役立てることで利益を得ています。今後の技術革新に伴い、遺伝子検査の費用が急激に低下すれば、ユーザーの検査料金は無料にして、製薬会社などとの提携からお金を稼ぐというビジネス・モデルは成立するでしょうか？

選択肢としてはあり得ます。弊社もマイコードを購入いただいた中の約九割のお客様から「ご自身の遺伝子情報を研究に利用して構わない」という研究同意をいただいています。同意いただいた遺伝子情報を匿名化し、アカデミアや製薬メーカー様などと共同研究事業を行ってもいます。

――同じく利用者層の拡大という点で、検査項目はサービス開始当初から増やしていますか？

新しい項目は「fumfum（ふむふむ）」というコーナーで定期的に追加しています。ただ、これらは、一項目五百円といった形で提供します。たとえば何らかの性格・能力・体質などに関する遺伝子です。短距離選手に多い遺伝子型と同じであるか、数学的思考が得意であるか苦手であるか……などです。

――その際、追加基準は何なのでしょうか？

ＧＷＡＳと呼ばれる大規模なゲノム解析などの学術論文（査読付）の中から、マイコードとして定めた基準を満たしている研究論文やＳＮＰを採用しています。また、自社で解析できるＳＮＰであり、「これはサービスとして確かに提供できる」と判断した場合のみ検査項目に追加しています。

――最近、欧米の大学などによる調査研究で「知能」や「学業達成度」に関する遺伝子が発見されたそうですが、今後、遺伝子検査でどんなことが分かるようになると思いますか？

弊社としては、そういったことよりも、むしろ医療やヘルスケア分野に貢献したいと考えています。たとえば海外ですと、23andMeが自ら蓄積したビッグデータを活用してパーキンソン病と因果関係のあるSNPを特定したという事例があります。我々も今後、利用者数を増やしていけば、いずれは彼らのように医療やヘルスケア分野に貢献できるでしょう。

——医療分野を中心に、そうしたユーザーの遺伝子データというのは究極の個人情報ですよね。御社はデータ保全、つまりセキュリティについて、どんな対策を施していますか？

データ保全については、常に最新のISMS認証（情報セキュリティ認証制度）をとっているので、非常に高いレベルにあると考えています。

――米国の一部DTC業者では、遺伝子検査を行ったユーザー同士の交流を促し、フェイスブックのようなソーシャル・メディア化する動きが見られます。これについて、どう思いますか？

私どもとしても、今のビジネス・モデルにこだわる必要はないと考えております。お客様のご負担額をかなり減らして、別のビジネス・モデルに移行することで利用者を増やしていくのは、選択肢として有り得ます。

――現時点のDTCは、一般ユーザーからすると医療と変わらないと受け取る向きもあるかと思います。今後、御社が医療分野に参入する可能性はありますか？

弊社のヘルスケア事業では「Sick ケアから Health ケアへの転換を実現し、〝健康寿命〟を延伸」をミッションにかかげ、ヘルスケアサービス分野とR＆D（研究開発）分野の二領域で事業を推進していきます。

GWASとは何か?

DTCの遺伝子検査を受ける私たちユーザー側に求められるのは、さまざまな病気や体質、あるいは外見や能力など各種特性が、遺伝子レベルでどこまで判明しているのか？——これに関する正しい理解です。次に、この分野における研究の最前線を概観してみましょう。

現在、DTCのような遺伝子検査サービスが、主な科学的論拠として採用しているのが「GWAS」と総称される一群の研究成果です。これは「Genome Wide Association Study」の略称で、日本語では「全ゲノム関連解析」などと訳されています。

それは文字通り私たちヒトの全ゲノム（遺伝情報）をコンピュータで解析する手法ですが、その背景にあるのは、一九九〇年から二〇〇三年にかけて世界中の大学や研究機関などが共同で実施した「ヒトゲノム計画（Human Genome Project）」です。

この国際的な研究プロジェクトによって、一人の人間のDNA（ゲノム）を構成する約三二億個もの塩基配列（遺伝情報）が測定されました。この際、一体誰のDNAが測定されたのか、その被験者の身元についてはプライバシー保護を理由に明らかにされていませんが、後述するようにすべての人間のゲノムは九九・九パーセント同じなので、有り体に言えば誰のDNAでも構わなかったのです。

ちなみに塩基とは「A（アデニン）」「G（グアニン）」「C（シトシン）」「T（チミン）」という四種類の文字（実際には化学物質）のことで、塩基配列とはこれらの文字（塩基）が交互に順番を変えながら並んだ配列のことです。これら約三二億個の文字列こそ私たち人間の「ゲノム」です。

このようなゲノムはDNAと基本的に同じものですが、その物質としての側面を強調したのが「DNA（デオキシリボ核酸）」、情報としての側面を強調したのが「ゲノム（全遺伝情報）」と見ることができます。

よく「ゲノムと遺伝子の関係が分かりにくい」という声を聞きますが、遺伝子はゲノムの一部です。人間のゲノムの内部には約二万種類に及ぶ遺伝子が含まれていますが、これら遺伝子はゲノム全体の二パーセント程度を占めるに過ぎません。逆に言うと、ゲノムの残り九八パーセントはこれら遺伝子の働きを制御するなど何らかの役割を果たしていると見られますが、その機能や仕組みなど全容は未だ解明されていません。

このようなゲノム、つまり約三二億個の文字列を端から端まで測定したのが、ヒトゲノム計画なのです。

このプロジェクトとそれに続く研究活動などから、ある「不都合な真実」が明らかになってきました。それは私たちヒトの身長や体質、性格や知能など諸特性、あるいは私たちを苦しめるさまざまな病気の原因となる遺伝子が、予想以上にたくさん存在していたということです。

ヒトゲノム計画の終了から間もない二〇〇六年、同プロジェクトのリーダーを務めたフランシス・コリンズ博士（現在は米国立衛生研究所・所長）は次のように語っていました。

「糖尿病を引き起こす遺伝子（変異）は全部で約一二個存在すると予想されるが、それらは多分あと二年もすれば（ヒトゲノム計画の研究成果などを使って）全部判明するだろう」

これは二重の意味で、極めて楽観的な予想でした。つまり糖尿病を引き起こす遺伝子がせいぜい一二個程度に収まるのであれば、それは比較的容易に発見されるだろうし、これら原因遺伝子に狙いを定めて医療分野の研究を進めれば、かなり短期間で糖尿病の特効薬や治療法が開発されると考えられたのです。

しかし、その後の研究によって、この予想は完全に裏切られることになりました。糖尿病、あるいは各種のがんや心臓病、精神疾患など、いわゆる「多因子疾患」の原因となる遺伝子は、各々一〇個や二〇個では済まず、最低でも数百から数千、あるいはそれ以上にも達することが、ヒトゲノム計画に続く、さまざまな研究によって分かってきたのです。

もちろん、前述のメンデル性疾患のように、たった一か所（一個あるいは一組二個）の遺伝子変異によって引き起こされる希少疾患もありますが、それらはむしろ例外的な存在に過ぎません。また病気だけでなく、身長や体質、知能など人間の諸特性についても、同じことがわかってきました。

つまり大半の病気や特性を司る遺伝子は、各々極めて多数に及び、個々の遺伝子は非常に軽微な影響力しか持ち得ません。しかし、それらが何百、何千、あるいは何万と複合的に作用すると、さまざまな病気を引き起こしたり、身長や体格、容姿、性格など目に見える形となって表れるのです（もちろん実際には単に遺伝子だけでなく、その人を育んだ家庭や教育、友人関係など環境要因も大きく作用します）。

これら多数の遺伝子は、ヒトのゲノム（DNA）上に広く分散して存在していることが分かってきました。これらを見つけるために考案されたのがGWASなのです。

これ以前の「ポジショナル・クローニング」と呼ばれるゲノム解析手法は、あらかじめ科学者が「狙った遺伝子は、ヒトゲノム上の多分、この辺りにあるだろう」と当たりをつけてから探し始める方式でした。

しかし、前述のように調査対象となる遺伝子がヒトゲノム全域にわたって分散しているのであれば、こうした狭い領域に狙いを絞った従来の解析手法では見つけることはできません。

これに対し新たに考案されたGWASでは、ゲノム全域を巨視的に見わたして、そこを無差別に探し回るのです。このようなやり方が可能になったのは、近年「DNAマイクロアレイ」と呼ばれる測定装置やコンピュータの処理能力が急速に向上したからです。

ただしGWASの解析対象となるのは、厳密には「遺伝子」というより「SNP」と呼

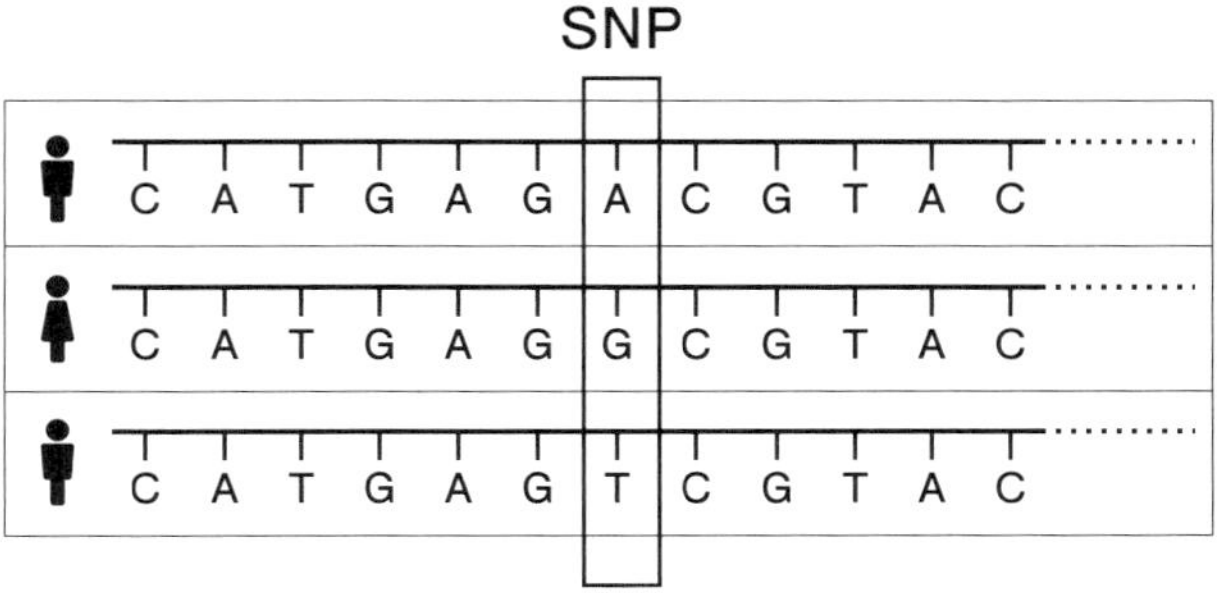

図3　SNP(一塩基多型)

ばれるものです。SNPとは「Single Nucleotide Polymorphism」の略で、日本語では「一塩基多型」と訳されています。が、もっと分かりやすく言うと、私たちヒトのゲノム（DNA）を構成する三二億個の文字（塩基）のうち、特定の場所にある文字が人によって異なることです（図3）。

図3に示された事例では、DNAに書かれたゲノム（文字列）の特定の場所が、ある人ではA、ある人ではG、ある人ではTになっています。これがSNPと呼ばれる現象です。

実はヒトゲノムの文字列（塩基配列）は、異なる人種、あるいは血縁関係が全くない人同士でも約九九・九パーセントは同じであり、残りの約〇・一パーセントによって個人間の多様性が生じています。

この「約〇・一パーセント」の大半がSNPで占められていると考えられています。

前述の「ヒトゲノム計画」などによって、これまで「ヒト集団全体」の中に存在する一〇〇〇万か所以上のSNPが発見されています。

ただし個々の人間を見た場合、人間一人当たり、平均して約三七〇万か所のSNPを持っていると見られています。これら多数のSNPが相互に絡み合って個々人の諸特性を形作り、ときには何らかの病気を引き起こす原因となっているのです。

これらSNPは厳密には「遺伝子」と完全に重複する概念ではありませんが、最近、生命科学の分野では遺伝子の定義が拡大する傾向にあります。人間の能力や外見、性格、あるいは病気など何らかの形質を生み出すという点では、SNPと遺伝子はかなり近い概念であると考えても、それほど間違っているわけではありません。

GWASで何が分かったのか?

これら多数のSNPの中から、人間のさまざまな特性や病気の原因となるものを特定するのがGWASなのです。実は世界で初めて、この解析手法を採用したのは日本の理化学研究所と言われています。二〇〇二年、彼らはGWASを使って「心筋梗塞」の原因となるSNPを特定しました。

やがて二〇〇五年ごろからGWASは世界中の科学者の間で爆発的に普及し、この手法に基づく学術論文が続々と発表されました。

GWASの原理はある意味、非常に単純です――科学者が多数の被験者を集めてきて、彼らのゲノムを「DNAマイクロアレイ」で測定し、それらを比較（解析）して、そこから統計的に有意と判定されたSNPだけを洗い出すのです。

あるいは直接被験者を集めなくても、すでに大量のDNAデータ（ゲノム）が測定されて存在するのであれば、それらを入手して使うのでも構いません。その際、被験者あるいはDNAデータの数が多ければ多いほど、GWASの解析能力は増強され、より多くのSNPが特定されることになります。

たとえば二〇一三年に実施された統合失調症に関するGWASでは、約二万一〇〇〇人の患者と約三万八〇〇〇人の対照群（この病気にかかっていない人たち）のゲノムを比較することにより、統合失調症の原因となる二二か所のSNPが特定（発見）されました。さらに二〇一四年には約三万八〇〇〇人の患者と約一〇万人の対照群で同じ調査が実施され、一〇八個のＳＮＰが特定されました。

しかし、そこには重要な但し書きがあります。

これらＳＮＰは確かに統合失調症の原因と考えて間違いないのですが、それは原因全体のごく一部に過ぎません。つまり一〇八個のＳＮＰは、それら全部を足し合わせても、発症要因の五～七パーセントくらいを占めるに過ぎないと見られているのです。

これと同じことは他のさまざまな病気、あるいは身長やＢＭＩなど諸特性についても言えます。これらの原因（要因）となるＳＮＰはＧＷＡＳによって発見されてはいますが、それらはいずれも遺伝的な要因全体のごく一部に過ぎないのです。

たとえば身長については、二〇一四年に約二五万人を対象にＧＷＡＳが実施され、それによって人の身長に影響する六九七個のＳＮＰを見つけることができました。ところが、これらすべてを足し合わせても、人の身長を決める遺伝的要因全体の一六パーセント程度にしかならないと見られています。

ただし年を追うごとにＧＷＡＳの被験者数（多くの場合、実際にはすでに測定されたＤＮＡ

データの数）は急激に増加しており、それによって今まで特定できなかったSNPも最近、続々と発見されるようになりました。最も顕著なケースは「知能」に関する調査です。

少なくとも二〇一六年までは、知能に関するSNPや遺伝子は一個も見つかっていませんでした。しかし二〇一七年ごろから少しずつ成果が出始め、二〇一八年一月に英エジンバラ大学が発表した約二五万人分のDNAデータを対象にしたGWAS調査から、知能に関すると見られる五三八個の遺伝子が発見されました。ちなみにこの調査は、SNPというより、厳密な意味での遺伝子を探すために実施されました。

また二〇一八年七月に米ミネソタ大学、コロラド大学などの共同チームが発表した論文では、約一一〇万人分のDNAデータを対象にしたGWAS調査によって「学業達成度」、平たく言えば学歴に関するSNPが一二〇〇か所以上、発見されました[13]。

共同研究チームは、これら多数のSNPデータから「ポリジェニック・スコア」と呼ばれる一種の指数を編み出しました。この指数を使って四七七五人のアメリカ人を対象に分析したところ、指数の下位二〇パーセントに属する被験者の大学卒業率は一二パーセントでしたが、上位二〇パーセントに属する被験者では五七パーセントに達しました。

また同じく指数の下位二〇パーセントでは、高校や大学などにおける留年経験率が二九パーセントに達したのに対し、上位二〇パーセントでは八パーセントに過ぎませんでした。つまり同調査によって発見された多数の遺伝子は、実際に学歴や学業達成度との強い相関性が見られたのです。

筆者も含め、一部の人たちにとっては切実な問題に関する研究も進んでいます。

二〇一八年二月、オランダのアムステルダム自由大学が発表した論文では、一三一万人分のDNAデータを対象にしたGWAS調査によって「不眠症」の原因と見られる九五六か所のSNPを発見しました。この「一三一万人」という数字は、これまでのところGWAS史上最大の被験者数です。

読者の皆さんの中には、「どのようにして、これほど大量のDNAデータを集めたのか?」と不思議に思う方もおられるかもしれません。実は、そこにはDTC業者も寄与しているのです。たとえば「不眠症」や「学業達成度」に関するGWAS調査には、米23andMeが蓄えた大量のDNAデータなどが使われています。それらの中から、あらかじめ匿名化を条件に、こうした科学研究への転用を許可したユーザーのDNAデータだけが使われているのです。

しかし、どれほど大規模なGWAS調査をもってしても、さまざまな病気や諸特性の原因となる遺伝子（SNP）の全容を解明するには程遠いのが現状です。たとえば前述の知能に関する五三八個の遺伝子は、知能を形成する遺伝的な要因全体の約七パーセントに過ぎないと見られています。

つまり知能に関する遺伝子は確かに見つかってはいますが、全体から見れば、ごく一部に過ぎないのです。それはまた欧州系（いわゆる白人）のゲノム・データに偏っており、アフリカ系やアジア系など他の民族に関する研究はそれほど進んでいません。

さらに、こうしたGWAS調査はある意味、表面的な研究と言わざるを得ません。

そもそも「知能」を厳密に定義することはできないからです。そうした中でGWAS調査が行ったのは、いわゆる「IQ（知能指数）テスト」の成績と紐《ひも》づけられたDNAデータを大量に入手し、両者の相関関係から浮かび上がる数百個の遺伝子を特定したに過ぎません。

しかもIQは論理的な思考力や言語能力などに偏っており、それ以外の創造性や感受性、共感力なども含め、人間の知的能力を総合的に把握した指標であるかどうかは疑問の余地があるでしょう。

遺伝子検査で受精卵を選別

問題は、このように科学的には極めて限られた知見しか得られていない段階で、すでに一部の国では、それらGWAS調査を論拠とする「知能」や「才能」などに関する怪しげな遺伝子（DNA）検査が、一種のDTC商品として出回り始めていることです。

たとえば本書冒頭で紹介した、中国・深圳市のクリニックが提供する「DNA才能検査」、あるいは米国の一部業者が提供する「DNA知能検査」などが、それに該当します。

中でも二〇一七年、米デラウェア州に設立されたベンチャー企業「ゲノミック・プレディクション」は、体外受精で得られた受精卵の段階でそのDNAを検査し、これから生まれてくる赤ちゃんのIQを予測。もしも、そのIQ予測値が平均値よりも二五ポイント以上低い場合には、その受精卵を廃棄するオプションをユーザー（親）に提示しています。[14]

ゲノミック・プレディクションはIQに加えて、心臓病や糖尿病、乳がん、自己免疫疾患などさまざまな病気の発症リスクも予測し、それらのリスクが高い場合には同様のオプションを提示します。しかし、こうしたDNA検査ビジネスには、倫理的な観点から眉をひそめる向きもあります。

また技術的な面からも、検査精度に大きな疑問が投げかけられています。

その理由は、これら検査の論拠として、前述の「ごく限られた成果しか上げていないGWAS調査」が使われているからです。この点については米国の科学ジャーナリスト、カール・ジマー氏が自らの体験談を米「アトランティック」誌に発表しています[15]。

それによれば、米国の科学者らが運営する「DNAランド」というウェブ・サイト上にある「遺伝子知能検査(Genetic Intelligence Test)」を受けてみたジマー氏は、その検査結果にショックを受けました。同氏の遺伝子から割り出された知能指数は、ユーザー全員の平均値よりも、かなり低いというのです。ちなみに、この検査では、あらかじめユーザーがDTCなどで測定した自身のゲノム・データを同サイトに送信し、サイト側ではこのデータをコンピュータ・プログラムで解析して知能指数を算出します。

それまで自らの知的能力にかなり自信を持っていたジマー氏は、この検査結果を見ると慌てて自分の母親にメールします。しかしメールで結果を知らされた母親も「そんなこと絶対あり得ないわ！」と気が動転してしまいます。

その後、ジマー氏は、この遺伝子知能検査の開発者であるコロンビア大学の脳科学科准教授に電話して、ようやく落ち着きを取り戻します。遺伝学の博士号も有する同教授は、ジマー氏からその検査結果を聞くと、電話口で爆笑したそうです。

教授によれば、前述のように知能に関する遺伝子が全体のごく一部しか判明していない段階で、それらをもとに算出された知能指数など、単に間違っているというより無意味と言います。教授はこの点について警鐘を鳴らすため、あえて「遺伝子知能検査」なるものを開発してサイト上に無料で公開しているというのです。

しかし「警鐘を鳴らす」とは言っても、実際には検査結果に慌てふためいているユーザーもいるわけですから、むしろ「人騒がせなサービス」と言うべきではないでしょうか。

ましてや、前述のゲノミック・プレディクションのように、DNA知能検査の結果から受精卵を選別するとなると、事の重大性から見て「過激」という表現が適切かもしれません。これはいわゆる「優生思想」、つまり過去にナチスが提唱したような「遺伝的に優れた者だけが生存を許される」とする邪悪思想と同一視される可能性があります。

これを回避するため、同社は「高いＩＱを持った赤ちゃんを選ぶのではなく、あくまで知的障害となるリスクの高い受精卵をスクリーニングするためのサービス」と断っていますが、どのような表現を選んだとしても相当の物議を醸すことは間違いありません。

また技術面を見ても、ゲノミック・プレディクションの科学的根拠となっているのは、やはり現時点では不十分なＧＷＡＳ調査ですから、基本的には、前述のＤＮＡランドの遺伝子知能検査と同様、その予測精度には大いに疑問の余地が残されていると見たほうがいいでしょう。

ちなみに日本では、体外受精による受精卵のスクリーニングはいわゆる「着床前診断」と呼ばれ、前述の中国や米国などとは比較にならないほど厳しく規制されています。

すなわち日本産科婦人科学会が医療機関から申請を受けて審査し、これまでは「命に危険が及ぶ遺伝性疾患」の子どもを産む可能性がある場合に限って認めてきました。しかし今後は、一部の眼疾患など、「生活に著しい影響が出る遺伝性疾患」も認めるなど、認可の対象を広げていく方向にあります(16)。

DNA婚活の背後にある「科学」とは

本章の締めくくりとして、冒頭で紹介した「DNA婚活」の科学的な信憑性《しんぴょうせい》について吟味してみましょう。

DNA婚活の背後にある科学は意外に昔まで遡ります。それは今から四〇年以上も前に米国の医学専門誌に発表された、マウスを使った動物実験に関する論文です(17)。

それによれば、雄と雌のマウスはある特定の遺伝子によって互いに引き付けられる傾向があるといいます。この遺伝子は「MHC」と呼ばれるもので、もともとは「Major Histocompatibility Complex（主要組織適合遺伝子複合体）」の略です。そう言われても何だかさっぱり分からないと思いますが、これは要するにマウスなど脊椎動物の免疫機能に関する遺伝子の一種です。

このMHC遺伝子が多様であればあるほど、免疫反応も多様になります。MHC遺伝子が互いに大きく異なる雄と雌から生まれた子どもは、多様な病気から身を守ることができます。

このため雄のマウスは、自分とは異なるMHC遺伝子を持つ雌に惹かれる傾向が強いのです。それを知るための材料となるのが、いわゆる「フェロモン」と呼ばれる匂いの一種です。雄は相手のフェロモンをかぎ分けることで、自分とは異なるMHC遺伝子を持つ雌を見つけているというのです。

このような動物実験の成果を私たちヒトに応用したのが、スイスのローザンヌ大学で教鞭《きょうべん》をとるクラウス・ヴェデキンド博士です。博士が一九九五年に発表した論文は、通称「汗のしみ込んだTシャツ（Sweaty T-shirts）」実験と呼ばれています。

この実験でもマウスと同じことが確かめられたといいます。ヒトの場合、マウスのMHC遺伝子に該当するのが「HLA（Human Leukocyte Antigen：ヒト白血球抗原）」と呼ばれる遺伝子ですが、これもやはり免疫機能に関する遺伝子です。

ヴェデキンド博士らによる「Tシャツ実験」では、数人の男性が二晩着続けたことで汗や体臭がしみついたTシャツを、数人の女性に嗅いでもらい、各々の男性の魅力を匂い（フェロモン）で評価してもらいました。その後、これら男女のDNAを検査したところ、女性は自分のHLA遺伝子と最も異なるHLA遺伝子を持つ男性に惹かれることが判明したというのです。

この実験結果にインスピレーションを受け、米国では「ジーンパートナー」（二〇〇八年設立）や「DNAロマンス」（二〇一四年設立）などいくつかのベンチャー企業が、遺伝子検査で結婚相手を見つけるためのサービスを開始しました。これらのうちジーンパートナーは日本でもビジネスを展開しています。いずれもHLA遺伝子を検査して、男女の相性を診断するという点で共通しています。これもDTCの一種と言えるでしょう。

ただ、この種のサービスにケチをつけるつもりは毛頭ありませんが、そもそも男女間の相性や好みを「匂い」という日常的要素にまで落とし込めるのであれば、何もわざわざ遺伝子検査など受ける必要もないのでは、という気がしないでもありません。

一方、こうした婚活サービスを別の角度から検証した研究もあります(18)。

二〇一五年に英国の学術誌に発表された論文によれば、世界中の人々のゲノムと結婚情報を紐づけたデータベースをチェックしたところ、結婚した男女のHLA遺伝子を比較しても、互いに相手と異なる傾向は確かめられませんでした。そもそも、そうした遺伝子に関係するとされるフェロモンは、豚のような動物では発見されていますが、人間については存在が確認されていないといいます。

となると結局、ＤＮＡ婚活の最大の意義は、互いに自分に合ったパートナーを求めて迷いながら、あと一歩前に踏み出すことのできない男女の背中を後押しする点にあるようです。この点において「遺伝子のお告げ」というのは、いわば「科学」という名の神のごとき説得力を持つのでしょう。

続く第二章では、以上のようなＤＮＡ検査から判明するゲノム（遺伝情報）を自在に変えることのできる、驚異のバイオ技術について見ていくことにしましょう。

第二章　ゲノム編集とは何か？
——生物の遺伝情報を自在に書き換える技術の登場

ゲノム編集でハゲが治る？

日本ゲノム編集学会会長の山本卓《たかし》・広島大学教授は最近、各方面から奇妙な問い合わせを受けるようになりました。

ある美容クリニックから、ゲノム編集を「肌の若返りに使いたい」と打診されたかと思えば、同じ広島大学に勤務する別の教授からは「ゲノム編集で私のハゲは治りますか」と尋ねられたこともあります。(1)

これらの話を聞くと、ゲノム編集とはどうやら私たちの切なる願いを何でも叶《かな》えてくれ

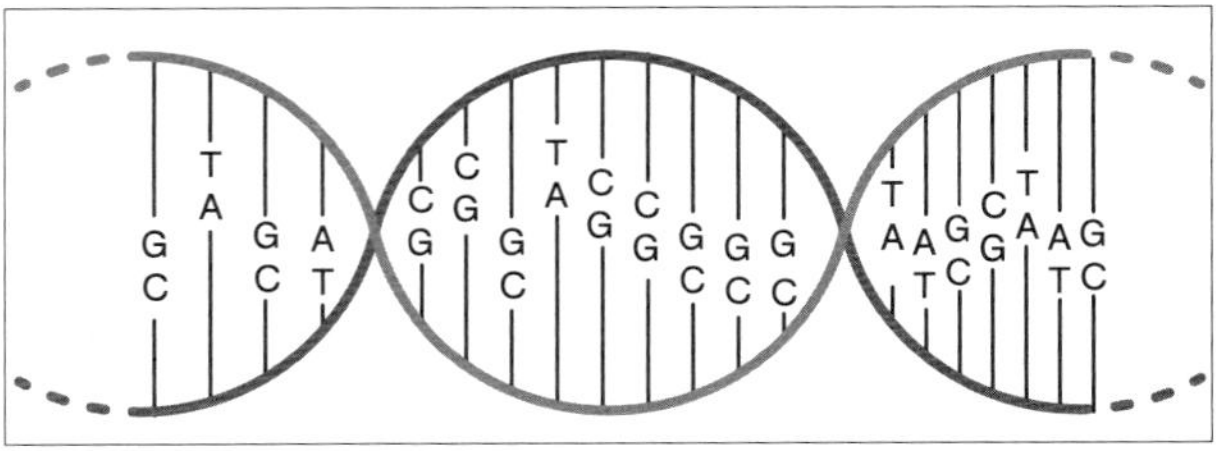

図4　ゲノム（全遺伝情報）

るスーパー・テクノロジーのようですが、今一つ正体がつかみにくいかもしれません。そこで本章では、この驚異のバイオ技術について詳しく解説してみたいと思います。

まず「ゲノム（genome）」については第一章で紹介しましたが、改めて説明すると、私たち人類を含む、あらゆる生物（バクテリアのような微生物からさまざまな動植物まで）の細胞に含まれている「DNA（デオキシリボ核酸）」とほぼ同じ意味です。

DNAには、G（グアニン）、A（アデニン）、C（シトシン）、T（チミン）という四種類の文字（実際は「塩基」と呼ばれる化学物質）が、ほぼランダムに並んだ文字列（塩基配列）が記されています。つまり「……GTGACCGTCCGGGTA……」というような極めて長い文字列、これが「ゲノム（全遺伝情報）」です（図4）。

このゲノム（G、A、C、Tからなる文字列）を自由自在に編集、つまり書き換える技術が「ゲノム編集」です。このように遺伝情報を書き換えることができれば、それは私たちの顔形や身長、体型のような外見から、性格や知能のような内面、さらには体質や運動能力などまで、原理的には変えられることを意味します。

あるいはゲノム編集は「遺伝子操作技術の一種」という見方もできます。ゲノムという遺伝情報は、「DNA上にたくさんある遺伝子の集まり」と言い換えることもできるからです。つまりゲノムを編集する（書き換える）ということは、これらの遺伝子を操作（変更）することでもあるわけです。

こうした遺伝子操作技術は実はかなり前から存在しています。それは一般に「遺伝子組み換え技術」と呼ばれるもので、一九七〇年代に米スタンフォード大学のポール・バーグ教授らを中心に開発され、それらの技術の中には日本出身の分子生物学者、板倉啓壹《けいいち》博士によって開発されたものも含まれます。

今、注目されているゲノム編集は、ある意味でこの遺伝子組み換え技術の延長線上に生まれた最新鋭の遺伝子操作技術です。しかし、別の側面から見ると、両者は本質的に全く異なる技術と言うこともできます。その辺りの実態を、これからつぶさに見ていきましょう。

偶然に頼った初期の遺伝子操作技術

一九七〇年代に登場した遺伝子組み換え技術は、一九九〇年ごろから主に農作物の品種改良に応用されるようになりました。「GMO（Genetically Modified Organism：遺伝子組み換え作物）」という言葉をときどき新聞やテレビなどで見かけますが、このGMOを作るのに使われた技術が、まさにこの遺伝子組み換え技術なのです。

なぜ遺伝子の「組み換え」という表現があえて使われるかというと、それは農作物の外部から別の遺伝子（外来遺伝子）を持ってきて、これを農作物本来の遺伝子と組み換える方式だからです。

たとえば、科学者が殺虫性のバクテリア（細菌）を自然界から探してきて、この殺虫遺伝子を農作物のDNA（ゲノム）に組み込んでやれば、この農作物が害虫への抵抗力を持つようになります。また、こうして農作物のDNAに組み込まれた殺虫遺伝子は、虫は殺しても人体に害はないと言われます。

これが、かつて米国の化学・バイオメーカー「モンサント」などが開発・商品化したGMOの一種です（モンサントは二〇一八年、ドイツの化学・製薬会社バイエルに買収され、モンサントという企業名は消失しました）。他にも「除草剤をかけても枯れない大豆」や「腐りにくいトマト」などさまざまなGMOが開発されました。

日米欧をはじめ、世界の消費者団体や環境保護団体などは、これらGMOが「食の安全を脅かす」あるいは「環境に悪影響を及ぼす」などとして、当時から現在に至るまで反対運動を展開しています。

彼らがGMOの危険性を指摘する際、一つの理由として挙げているのが、バクテリアのように怪しげな微生物の遺伝子（外来遺伝子）が農作物のDNAに組み込まれたことです。たとえモンサントのようなメーカー側が「人体に害はないですよ」と言ったところで、消費者側としては信用できないというわけです。

もう一つの反対理由は、こうした遺伝子組み換え技術の「いい加減さ」です。つまり、この技術ではDNA（ゲノム）上の特定の場所を狙って組み替えることができません。

では、どうするかというと、基本的には偶然に任せるのです。ある種の土中バクテリアの感染力を使って、前述の殺虫遺伝子のような外来遺伝子を農作物の細胞核に送り込んでやります。すると「相同組み換え」と呼ばれる自然法則によって、この外来遺伝子が農作物のＤＮＡ上のどこかに組み込まれますが、その場所までは指定できません。

結果、ＧＭＯでは農作物のＤＮＡの意図せざる部分が改変されて、人体に危険な化学成分が生成されてしまうのではないか、といったことが危惧されたのです（実際、それが確認されたことは過去にありませんが）。

逆に、そうした「意図せざる改変」を回避するために、科学者がＤＮＡ上の狙った場所に外来遺伝子を組み込もうとすれば、それは一万回もの遺伝子操作を繰り返した末、やっと一回だけ成功する（＝偶然に狙ったところが組み変わる）といった程度の、極めてランダムな技術でした。

この遺伝子組み換え技術はマウスのような実験動物にも応用されましたが、こうした哺乳類になると、その操作精度は農作物のような植物よりも、さらに低くなります。

たとえば、ＤＮＡ上にある特定の遺伝子を破壊した「ノックアウト・マウス」を作ろうとする場合、マウスの受精卵の核に「マイクロインジェクション」と呼ばれている注射のような方式で、（目的の遺伝子を攪乱《かくらん》して破壊するために用意された）特殊な塩基配列を注入します。

しかし、これもやはり目的とする遺伝子を「狙って破壊する」のではなく、「偶然に任せる」ため、このような遺伝子操作を一〇〇万回も繰り返した挙句、やっと一回だけ成功する程度でした。

「狙ってやる」技術の登場

このため世界のバイオ科学者の間で、ＤＮＡ上にある特定の遺伝子を「狙って」操作する技術の研究開発が始まりました。

まず一九九六年、米ジョンズ・ホプキンズ大学のスリニバサン・チャンドラセガラン教授が「ジンク・フィンガー・ヌクレアーゼ（ＺＦＮ）」を発明しました。また、これを改良した「ＴＡＬＥＮ（ターレン）」という技術が欧米の大学・研究所などを跨《また》いで二〇一〇年ごろに開発されました。

これらは当初、「遺伝子ターゲティング技術」と呼ばれました。文字通り特定の遺伝子をターゲットにして操作する技術です。

その基本的な原理は、二種類の特殊なタンパク質を組み合わせて複合化し、片方のタンパク質には生物のDNA上で「狙った遺伝子を探す」ガイドの役割、もう片方のタンパク質には、その遺伝子を切断（破壊）する役割を担わせる、というもの（特に後者のタンパク質は「ヌクレアーゼ〈核酸分解酵素〉」と呼ばれます）。

このように狙った遺伝子を切断すれば、上記の複合タンパク質を含む試液の中に、科学者が意図的に含ませておいた外来遺伝子がDNA上の切断された箇所（＝元の遺伝子があった場所）に自動的に入り込んで、そこがつなぎ直されます。それは細胞の自然な修復機能によるのです。

この結果、狙った遺伝子を外来遺伝子に組み替えることになります。これはつまり「遺伝子を狙って操作する」新たな遺伝子組み換え技術の誕生を意味するのです。

この遺伝子ターゲティング技術はバイオ科学者などの間で徐々に普及し、やがて医療分野にも応用されるようになりました。

たとえば二〇一〇年、米国の医療ベンチャー「サンガモ・バイオサイエンス」がエイズ患者の免疫細胞の遺伝子をZFNで操作し、患者の容体を劇的に改善させることに成功しました（同社はその後、社名を「サンガモ・セラピューティクス」に変更）。

また二〇一五年、英ロンドンにある小児科病院では、極めて特殊な白血病で危篤状態に陥った幼女を、「CAR－T（カーティ）」と呼ばれる免疫療法とTALENを組み合わせた治療法で救いました。

こうした遺伝子ターゲティング技術は、やがて「ゲノム編集」と呼ばれるようになりました。そこではZFNが第一世代、TALENが第二世代の「ゲノム編集」技術という位置付けになります。

しかし、これら旧世代のゲノム編集は、その「操作性」に大きな問題を抱えていました。

前述のように、ZFNとTALENでは、狙った遺伝子まで導くガイド役に、ある種のタンパク質を用いています。しかし複雑な立体構造のタンパク質を、標的となる遺伝子を正確に認識して、そこにガッチリと食らいつくよう設計・作成することは困難を極めました。

このためZFNやTALENは、タンパク質工学で長年の経験を積んだ一部研究者にしか使いこなせませんでした。また、そうした作業には長い時間と多額の費用がかかったこともあって、旧世代のゲノム編集技術は広く普及するには至らなかったのです。

基礎研究から生まれた驚異のバイオ技術

こうした「ゲノム編集技術の使いにくさ」に対する解決策は意外なところからもたらされました。それはバクテリアや古細菌のDNA上に存在する「クリスパー（CRISPR）」と呼ばれる特殊な塩基配列です。

このクリスパーを世界で最初に発見したのは日本の研究チームです。

一九八六年、大阪大学・微生物病研究所の石野良純《よしずみ》、中田篤男《あつお》の両博士を中心とする科学者チームは、大腸菌のDNA上に極めて奇妙な反復配列を発見。これは後に、オランダの研究チームによってクリスパーと命名されました。

当初、クリスパーに関心を寄せる科学者は、世界全体を見渡しても、ほとんどいませんでした。が、やがてクリスパーが細菌の適応免疫機能、つまり自らの天敵であるバクテリオファージ（ウイルスの一種）を殺す機能を担っていることが判明すると、世界の科学者たちの関心を徐々に集め始めたのです。

そして二一世紀に入ると、クリスパー研究に携わる科学者は一気に増加しました。

彼らはもっぱら基礎研究の対象としてクリスパーを見ていました。つまり「何かの役に立つから」という理由ではなく、純粋な好奇心に基づく研究ですが、それでも多数の科学者がクリスパーの周りに群がったのは、恐らく、その計り知れない実用的ポテンシャルに彼らが直観的に気付いていたからでしょう。

そうした一群の科学者たちの中に、当時スウェーデンのウメオ大学に勤務していた微生物学者エマニュエル・シャルパンティエ博士と、米カリフォルニア大学バークレイ校の生化学者ジェニファー・ダウドナ教授がいました。

この二人を中心とする国際研究チームは二〇一二年ごろ、それまで世界中の科学者たちが積み上げた研究成果をベースにして、クリスパーの適応免疫機能を分子レベルで解明することに成功しました。

さらに彼らは「クリスパーの適応免疫機能が、あらゆる生物のＤＮＡを狙った箇所で切断することに応用できるのではないか」と考え、これを実験で証明。この成果を二〇一二年八月号の米「サイエンス」誌に発表しましたが、これをもってゲノム編集技術「クリスパー（CRISPR-Cas9）」の基本的な原理が確立されたと見られています。

なぜ使いやすい技術なのか

ダウドナ、シャルパンティエの共同研究チームがその仕組みを解明した「細菌の適応免疫機能」では、クリスパー・システムの一部である「キャス９（Cas9）」が「ＲＮＡ（リボ核酸）」をガイド役にして、天敵バクテリオファージのＤＮＡの特定箇所を狙って攻撃します。

ここに登場する「ＲＮＡ」とは、ＤＮＡと化学組成が非常によく似た兄弟姉妹のような関係にある生体高分子です。

また「キャス９」とはＤＮＡを切断するヌクレアーゼ（核酸分解酵素）の一種ですが、それはまた、ガイド役のＲＮＡ（以下、ガイドＲＮＡ）の手綱をとって狙った場所まで走らせる御者のような役割も果たします。ただし、以上はあくまで自然界で起きる自然現象です。

そこで共同研究チームは、このガイドRNAを実験室で人工的に再現し、これをキャス9と結合させることにしました（図5）。が、そもそも彼らはなぜこんなことを思い立ったのでしょうか？

それは、クリスパーに備わる天然の「適応免疫機能」を人工的に作り出すことができれば、バイオ工学に革命をもたらすことを直観的に見抜いたからです。

つまりバクテリオファージのDNAも、私たち人類を含む動植物や微生物のDNAも、共に「G、C、T、A」の塩基配列からできている点では同じ。したがって、ウイルスDNAの特定箇所を狙い撃ちする適応免疫機能（クリスパーの基本原理）は、あらゆる生物のDNAを狙った箇所で切断するゲノム編集の技術に応用できると考えたのです。

この発想のジャンプが、ゲノム編集技術「クリスパー・キャス9（クリスパー）」の誕生を促しました。その最大の特徴は、旧世代のゲノム編集技術における操作性の問題を解決したことです。

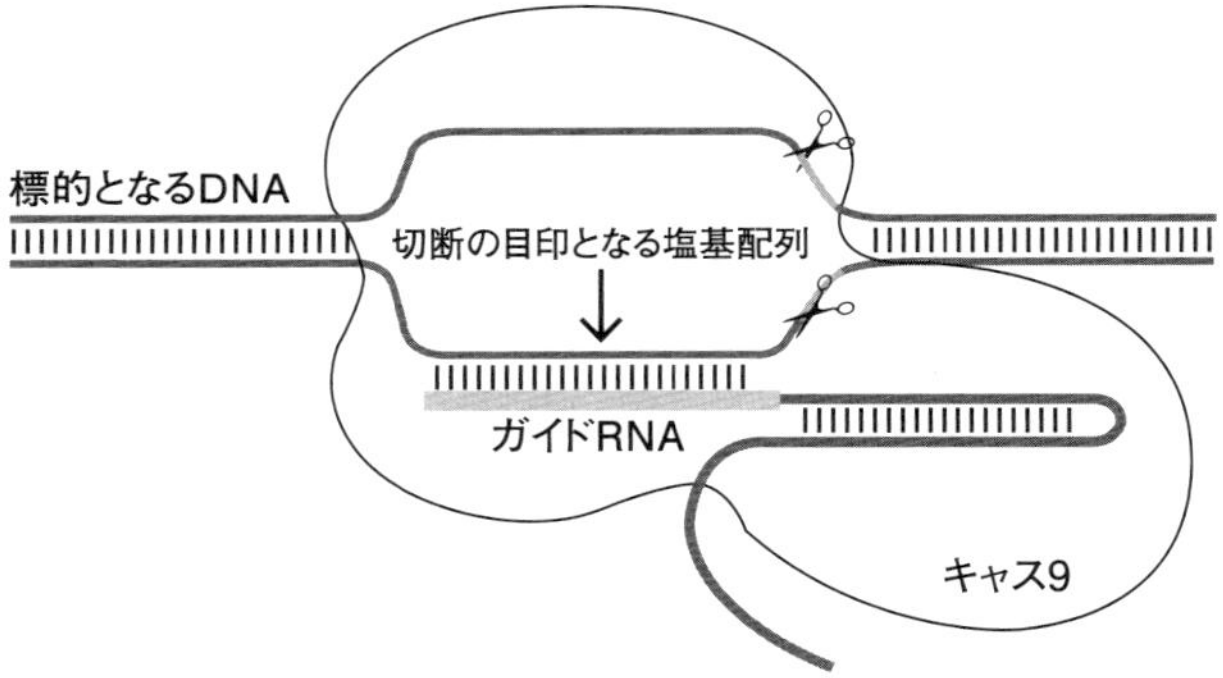

図5　ガイドRNAとキャス9の複合体が、標的となるDNAを狙った箇所で切断する様子

前述のように、第一世代のゲノム編集ＺＦＮと第二世代のＴＡＬＥＮは、共にガイド役として複雑な構造のタンパク質を用いているため、その設計が非常に難しく、これが技術普及の妨げになっていました。

これに対し第三世代のゲノム編集技術となるクリスパーでは、ガイド役にＲＮＡを採用しています。ＲＮＡの構造は直鎖状、つまり非常にシンプルなので、一般の高校生でも数週間のトレーニングを積むだけで、クリスパー技術を使えるようになると言われています。

ただしダウドナ、シャルパンティエの共同チームが開発したのは、あくまで「試験管内に分離されたＤＮＡを、狙った箇所で切断する技術」であり、これだけでは実用化まで一歩足りません。

彼女たちの研究成果をベースに、この技術を人間を含む生きた動植物の細胞（内のDNA）にも応用可能にしたのが、米ブロード研究所に所属するフェン・チャン博士の研究チームです。それは二〇一二〜二〇一三年ごろの出来事と見られています。

こうした研究開発と並行して、ダウドナ教授の所属するカリフォルニア大学バークレイ校とチャン博士の所属するブロード研究所は、各々独自にクリスパーの基本特許を出願しました。つまり双方が「クリスパー技術を発明したのは自分たちだ！」と主張したのです。

これらの出願書を受理した米特許商標庁（USPTO）は二〇一四年、ブロード研究所に「クリスパーの基本特許」を付与しました。その理由は明らかにされていませんが、恐らくはブロード研究所が特許商標庁に若干の割り増し料金を払ったため、バークレイ校の特許出願書よりも先に審査されたためではないかと見る向きもあります。

バークレイ校側は特許の再審査を申請しましたが、二〇一七年二月、特許商標庁は再びクリスパーの特許をブロード研究所側に認めました。

この結果を不服としてバークレイ校が訴えたため、同校とブロード研究所との間で激しい特許裁判が始まりました。この裁判は原告・被告双方の弁護士費用だけで合計二〇〇〇万ドル（約二〇億円）以上に達しましたが、この程度の額をモノともしないほど莫大な富（特許収入）がかかった巨大訴訟です。

それから一年余りの審理を経た二〇一八年九月、米国の連邦控訴裁は改めてブロード研究所（チャン博士ら）にクリスパー特許を与える判決を下しました。その理由は「両者が特許出願したクリスパー技術は基本的に異なるものだが、技術の実用性という点ではブロード研究所に分がある」というものです。

この技術に関する知財争いは、少なくとも米国では、これで決着したと見られていました。ところが二〇一九年に入ると米特許商標庁はバークレイ校、つまりダウドナ、シャルパンティエ氏らの共同チームにもクリスパーの基本特許を与える決定を下しました。

しかし両者に各々、与えられたクリスパー特許は互いにどこがどう違うのか、この分野に精通した科学者や特許専門家以外には、よく分からない状況となっています。

また米国以外にもＥＵ（欧州連合）や英国、中国、日本、韓国をはじめ世界各国でクリスパーの特許権は争われています。そこでは韓国のバイオ企業「ツールジェン」やリトアニアのヴィリニュス大学など他の企業・組織も特許権を主張するなど、さまざまなプレイヤーが入り乱れて、非常に複雑な様相を呈しています。

このため今後、この技術を商品開発に導入しようとする企業は、複数の大学・研究機関などに特許料を支払うことになるかもしれません。ただしバークレイ校やブロード研究所など主要プレイヤーは、大学など非営利の組織が研究目的でクリスパーを使うときには特許使用料を要求しない方針です。

作物の品種改良や医療などに応用

このようにして確立されたクリスパー技術は、前述の特許争いが表面化する以前の二〇一三年ごろから世界全体へと普及し始め、各国で「農作物・家畜・魚などの品種改良」あるいは「医療」などへと応用されるようになりました。

この技術を使ってすでに「肉量が従来より格段に多い牛や魚」「栄養価の高いトマト」「時間が経《た》っても変色しないマッシュルーム」「収量の多い稲や小麦」「干魃《かんばつ》に強いトウモロコシ」など、多種多様な食物が大学や企業の研究室で開発されています。いずれも、従来の遺伝子組み換え技術を使った場合などに比べて極めて短期間に低コストで実現されているのです。

これら「ゲノム編集食品（農畜産物や水産物）」に対しては、「食の安全を守るために規制が必要」との声が聞かれますが、日米欧をはじめ各国・地域で規制方針が異なるなど混乱を招いています。そうした中、米国や日本などでは早ければ二〇一九年にも、ゲノム編集食品が一部ベンチャー企業から発売され、私たちの食卓に上ろうとしています（詳細は第三章）。

筋ジストロフィーの犬をクリスパーで治療

一方、医療分野では、これまで歯が立たなかった難病をクリスパーで治療する研究が勢いを増しています。

たとえば筋ジストロフィーを発症した犬をゲノム編集で治療する実験に、米英の共同チームが二〇一八年に成功しました。(2) それ以前にマウスで同様の研究成果が報告されていましたが、今回、より身体《からだ》の大きな犬でも成功したことから、人間の患者を治療する臨床研究に一歩近づいたと見られています。

この研究を実施したのは、米テキサス大学と英王立獣医科大学の共同チーム。彼らはデュシェンヌ型筋ジストロフィーを発症した犬に対し、クリスパーによる治療を試みました。

デュシェンヌ型筋ジストロフィーは、筋肉を正常に保つために必要な「ジストロフィン」というタンパク質が体内で生成されなくなる遺伝性疾患です。このタンパク質を生成するジストロフィン遺伝子の異常（変異）により引き起こされ、人間ではほとんどの場合、幼少期の男子に発症します。

このジストロフィン遺伝子は、人間と犬の双方に存在します。そこで共同研究チームは、ジストロフィンの遺伝子変異を修正するクリスパーの試液（化学成分）を、筋ジストロフィーを発症した四匹の犬に注射しました。これらの犬は、共同チームの片方である王立獣医科大学が実験用に選択育種してきた筋ジストロフィーのキャバリア・キング・チャールズ・スパニエルとビーグルの交配種です。

この実験は予想以上の結果を生み出しました。

クリスパー試液が注射されてから八週間後、これらの犬は、身体の各部位に応じて正常な筋肉の三パーセントから九〇パーセントの水準にまでジストロフィンの生成量が回復したのです。特に足の筋肉ではジストロフィン生成量が正常レベルの五〇パーセントまで、また心臓では正常レベルの九〇パーセントまで回復しました。

結果、これらの犬は病気の進行が食い止められただけでなく筋力も回復し、走ったり飛び跳ねることが可能になりました。また一旦、症状が回復すると、それ以降も良好な状態を維持しています。このため共同研究チームは、仮に、この治療法が人間の患者に適用された場合、一回の注射で病気を治せるのではないかと期待しています。

ただし人間の患者を対象にした臨床研究までには、まだ相当の時間が必要です。今回はわずか四匹の犬を対象にした比較的短期間の実験でしたが、今後はより多数の犬を使って、より長期にわたる実験から、ゲノム編集治療の安定性を確かめる必要があります。

その際には動物保護団体による反対運動（ゲノム編集に対してではなく、あくまで動物実験への反対運動）など、さまざまな障害も待ち構えています。これらを克服して、数年内には臨床研究に乗り出す予定です。

ゲノム編集医療をリードする中国

筋ジストロフィー治療はまだ動物実験の段階ですが、すでにさまざまな種類のがんや一部の遺伝性疾患などでは、クリスパーを使った治療法は臨床研究の段階に入っています。中でも、この分野をリードする中国では、早くも二〇一六年ごろから希少性の肺がんや鼻孔がんなどの患者を対象に臨床試験が進められています。

ここで研究開発されているのは、いわゆる免疫療法とクリスパーを組み合わせた治療法です。つまり各種のがんを攻撃する免疫細胞を一旦患者の体外に取り出し、これをクリスパーでゲノム編集して、その免疫力を強化してから患者の体内に戻します。このパワーアップされた免疫細胞ががん細胞を攻撃し、病気の治癒につながると期待されています。

二〇一八年一月までに中国では各省の大学病院などを中心に、少なくとも八六人の各種がん患者を対象にこうした臨床研究が実施されてきました[3]。それによって一部患者の容態が快方に向かう一方で、一五人の患者が死亡したと伝えられています。ただし研究チームの責任者によれば、死亡の原因はゲノム編集治療ではなく、あくまでも患者の病気自体にあるといいます。

このような状況の中国に比べ、欧米や日本などにおけるゲノム編集医療の研究は遅れ気味です。というより、むしろ「中国のほうが先を急ぎ過ぎている」という見方が妥当かもしれません。これには規制環境の違いも大きく影響しています。

これまで米国のＦＤＡ（食品医薬品局）や欧州の医薬品庁など規制当局は、クリスパーによるゲノム編集医療がまだ相当リスキーな技術と見られることから、その臨床研究になかなかゴー・サインを出そうとはしませんでした。

また日本では、厚生労働省からゲノム編集医療に関する明確な指針が示されず、関連法も整備されていないため、科学者にしてみれば研究がやりにくい状況となっていました。

つまり欧米と日本では背景や理由が若干異なりますが、結果的に「ゲノム編集による臨床研究に踏み切れない」という点では同じでした。

これに対し中国では、政府の規制当局は基本的に関与せず、大学や病院などによる独自の判断でクリスパーを使った臨床研究に踏み切ることができます。もちろんこれだけが理由ではありませんが、西側諸国のように厳しい規制に縛られることなく、中国がゲノム編集医療の研究開発で世界をリードすることになったのは事実です。

しかし二〇一七年から二〇一九年にかけて、欧米でも徐々にゲノム編集医療の臨床研究が規制当局から認可を受け、実施されるようになりました。

まず二〇一七年一一月、米国のサンガモ・セラピューティクスが「ムコ多糖症Ⅱ型（ハンター症候群）」と呼ばれる重度の肝臓疾患を引き起こす遺伝子変異を、患者の体内で修正するゲノム編集治療の臨床研究を開始しました。ただし、ここで使われているゲノム編集技術は第三世代のクリスパーではなく、第一世代のZFNです。

被験者となったのは米アリゾナ州在住の四〇代男性をはじめ四名の患者。この男性は少年時代にムコ多糖症Ⅱ型を発症して以来、代謝異常による心臓障害や骨・関節の異常などさまざまな症状に苦しめられてきました。

二〇一八年九月に臨床研究の途中経過が報告されましたが、患者（被験者）に注射されたゲノム編集治療薬が、大事をとって極めて微量であったことなどから、治療の有効性を直接証明するまでには至りませんでした。しかしゲノム編集治療によって患者の症状が悪化するなどの副作用も見られなかったため、今後、薬の投与量を増やせば治療効果が現れるのではないかと期待されています。

　また二〇一九年に入ると、米ペンシルベニア大学の研究チームが、前述の「カーティ（ＣＡＲ－Ｔ）」と呼ばれる最先端の免疫療法とクリスパーを組み合わせて、「メラノーマ（黒色腫）」や「多発性骨髄腫」「肉腫」など各種のがんを治療する臨床研究に着手。その被験者に選ばれたのは、従来の治療法で効果が見られなかった患者一八名です。同年四月には、そのうちの二名に実際にこの新型治療法が適用されたことが関係者によって確認されました。

　同じく二〇一九年には、クリスパー技術の発明者の一人エマニュエル・シャルパンティエ博士らが創業したクリスパー・セラピューティクス（本社・スイス）も、ドイツの病院で、単一遺伝子疾患の一種であるベータ・サラセミア（地中海貧血）の患者をクリスパーで治療する臨床研究を開始しました。

　さらに同年八月には、フェン・チャン博士らが設立した米エディタス・メディシンとアイルランドの製薬大手アラガンが「レーバー先天黒内障10型」と呼ばれる遺伝性の眼疾患をクリスパーで治療する臨床研究を年内に開始すると発表。この計画では三歳以上の子どもと大人計一八人に対し、眼の網膜下にゲノム編集用の薬剤を注射する予定ですが、これは患者の体内でクリスパーによるゲノム編集治療を行う最初のケースとなります。

一方、日本では本書執筆中の時点で、まだクリスパーなどによるゲノム編集治療の臨床研究は実地されていませんが、二〇一九年四月に厚生労働省から臨床研究への許可が下りたことから、今後は日本でも始まる見込みです。

また中国では後述する「ゲノム編集ベビー誕生」のニュースを経て、こうした事態を招いた杜撰《ずさん》な管理体制への反省から、二〇一九年二月に新条例案で中・低リスクの臨床研究は省レベル、高リスクのものは国が審査し認可を与える仕組みにしようとしています。つまり欧米や日本と基本的に同じ審査体制となったのです。

受精卵のゲノム編集を巡る国際競争

以上の臨床研究はいずれも「体細胞」を対象にしたゲノム編集治療です。

体細胞とは文字通り私たちの身体各部を構成する細胞のことです。前述の免疫細胞、あるいは肺や肝臓など臓器の細胞も体細胞の一種です。

これに対し精子や卵子、あるいはそれらが融合した受精卵などは「生殖細胞（系）」と呼ばれます。仮に、この生殖細胞（主に受精卵）をクリスパーなどでゲノム編集すれば、遺伝性の希少疾患をはじめ数々の難病を、子どもが生まれてくる前に治療できると期待されています。

しかし受精卵をゲノム編集すると、それによる遺伝子の変化が子孫代々へと受け継がれてしまうため、もしも失敗すれば、その影響が後世まで及んでしまいます。

また、それ以上に懸念されているのが、受精卵をゲノム編集することで親が望む通りの容姿や能力を備えた「デザイナー・ベビー」を誕生させるなど、クリスパー技術の乱用です。

これを未然に防ぐため、二〇一五年から二〇一七年にかけて「体外受精で得られたヒト受精卵のゲノム編集は基礎研究に限って容認されるが、それを女性の子宮に移植して子どもを誕生させる臨床研究は禁止する」という合意が、科学者らによる国際会議などで採択されました。

これを受け、米国や中国などではヒト受精卵のゲノム編集が、あくまで基礎研究として実行に移されました。

これに世界で初めて成功したのは、オレゴン健康科学大学など米韓中の共同研究チームとされます。(4) 彼らはクリスパーを使って、アスリートの突然死の原因とも言われる「肥大型心筋症」の原因となる遺伝子変異を修正する実験を行い、七二パーセントの確率でそれに成功したといいます（あくまで基礎研究なので、ゲノム編集された受精卵は子宮に移植されることなく廃棄されました）。

この実験結果は二〇一七年八月、英「ネイチャー」誌に発表され世界的な注目を浴びましたが、その直後に米ハーバード大学のジョージ・チャーチ教授ら、一部専門家から異議が唱えられました。それによれば、「この実験を行った米韓中の共同研究チームは実験結果を勘違いしており、実際にはヒト受精卵のゲノム編集は為されていない」といいます。これに対し共同研究チームの責任者が反論し、この論争は今に至るまで決着していません。

一方、中国では二〇一八年、広州医科大学と上海《シャンハイ》科技大学の共同研究チームがヒト受精卵をゲノム編集し、「マルファン症候群」の原因となる遺伝子変異を修正することに成功しました。

この病気では、全身の結合組織が異常を来たすことで大動脈瘤《だいどうみゃくりゅう》や骨格変異、自然気胸などさまざまな症状が引き起こされます。

これに対し中国の研究チームは、クリスパーの改良形である「ベース・エディティング」という高精度のゲノム編集技術を使って、受精卵の段階でマルファン症候群を引き起こす遺伝子変異を修正しましたが、この受精卵も実験終了後に廃棄されました。

その後も中国では、これと同様の実験が各地の大学病院などで次々と実施されました。

こうした中、前述の緩い規制環境、そしてＡＩ（人工知能）やバイオなどハイテク産業で世界の覇権を握ろうとする中国政府の後押しなどが相まって、「いずれ中国でゲノム編集ベビーが生まれてしまうのではないか」という懸念が各国科学者の間で囁《ささや》かれるようになりました。

ゲノム編集ベビー誕生が非難された理由

その矢先となる二〇一八年一一月、「中国広東《カントン》省・南方科技大学の賀建奎《がけんけい》・副教授が、ＨＩＶ（エイズ・ウイルス）への抵抗力を備えた双子のゲノム編集ベビーを誕生させた」というニュースが世界を駆け巡ります。

このニュースは、ＡＰ通信などに加えて賀氏自身もユーチューブを使って世界に発信しました。この直後から同氏は世界的に激しい非難を浴び、それまで賀氏の研究活動を支援してきた中国政府も掌《てのひら》を返したように厳しい姿勢で臨みます。

中国では二〇〇三年から、国の指針で「遺伝子改変したヒト受精卵」を女性の子宮に移植することを禁止してきました。ただし違反した場合の罰則は示されていませんでした。賀氏はこの禁止令に違反したとして、自身が所属する南方科技大学の施設内に軟禁されたと報じられました。

そして翌二〇一九年一月には、中国の国営新華社通信が「広東省の調査チームが双子のゲノム編集女児の誕生並びに二例目の妊娠を確認した」と報じました。これが本当だとすれば、この双子の女児は病気の治療目的でゲノム編集されたのではなく、もともと健康な身体にエイズへの抵抗力を持たせたという点で、デザイナー・ベビーの第一号と見るべきでしょう。

こうした賀氏の無謀な実験は世界的な非難を浴びました。その理由の一つは、せめて病気の治療目的ならともかく、エイズ・ウイルスへの耐性のように、本来施す必要のない遺伝子改変をヒト受精卵に対して行ったことです。

賀氏が試みたのは、人間の免疫細胞に作用する「ＣＣＲ５」と呼ばれる遺伝子の改変です。この遺伝子には「デルタ32」と呼ばれる変異が自然に生じることがあり、この変異バージョンを有する人間はＨＩＶへの抵抗力を備えている、つまりエイズに感染しないことが以前から知られています。

そこで賀氏は夫がエイズに感染している夫婦を被験者として募り、彼らから提供された受精卵をクリスパーでゲノム編集して、そのＣＣＲ５遺伝子をデルタ32バージョンへと意図的に改変する実験を行ったのです。これによって生まれてくる子どもはＨＩＶが体内に侵入してもエイズに感染しないことになります。

しかしエイズの感染を防ぐには「精子洗浄」など他のやり方もあり、あえて、このようにリスキーな実験を行う必要はありません。

またヒトゲノム、つまり私たちのＤＮＡには未知の要素が多分に残されているため、科学者が良かれと思って行った遺伝子改変が思わぬ副作用を招く恐れもあります。

実際、ＣＣＲ５のデルタ32バージョンを持つ人間は、インフルエンザなど別の感染症にかかりやすくなるため、寿命が通常よりも短くなる傾向がある、という研究結果が二〇一九年六月、英「ネイチャー・メディシン」誌に発表されました[5]。となると賀氏がやったことは、生まれてくる子どもにむしろ危害を加えたことに等しいでしょう（筆者注：二〇一九年九月、同ＣＣＲ５論文の著者が自らの研究結果は誤っていたと認めた。つまり賀氏の行為が生まれてくる子どもに危害を加えたという証拠はない）。

ただ、そうした科学的な批判の一方で、一種政治的な側面から皮肉な意見も聞かれます。もしも今回の実験を行ったのが中国人の賀氏ではなく欧米の科学者であったなら、ここまで非難されなかったであろうと言うのです。

その理由は過去にそうした前例があるからです。

二〇一五年、中国・中山《ちゅうざん》大学の研究チームが、ベータ・サラセミアをヒト受精卵の段階でゲノム編集して治療する基礎研究（実験）を行いましたが、これは当時、時期尚早であるとして世界的な非難を浴びました（実験も失敗していました）。

ところが、それからわずか二年後に、前述の米国を中心とする国際共同チームが「肥大型心筋症」で同様の基礎研究を実施したときには全く非難されず、むしろ称賛の対象となりました。もちろん、その二年間でゲノム編集技術が進歩して安全性も向上したという面もありますが、率直な印象としては、やはり欧米寄りのダブル・スタンダードが存在する感もなきにしもあらずです。

となると、もしも今から数年後に今度は欧米科学者の手によって、何らかの遺伝性疾患を生まれてくる前に治療する目的でゲノム編集ベビーが誕生したとすれば、それは非難されるどころか、むしろ、(中国を除く)世界初の偉業として讃《たた》えられるかもしれません。

世界各国のクリニックが賀氏に教えを乞う

こうした中、一般世論は受精卵のゲノム編集をどう見ているのでしょうか?

中国でゲノム編集ベビーが誕生する以前の二〇一八年七月、米国の世論調査機関「ピュー・リサーチセンター」が発表したアンケート調査結果によれば、受精卵など子どもが生まれてくる前の段階で、ゲノム編集により、その遺伝子を改変することについては、「重い病気を治療するためなら妥当だが、子どもの知能を高めるためなら行き過ぎ」という意

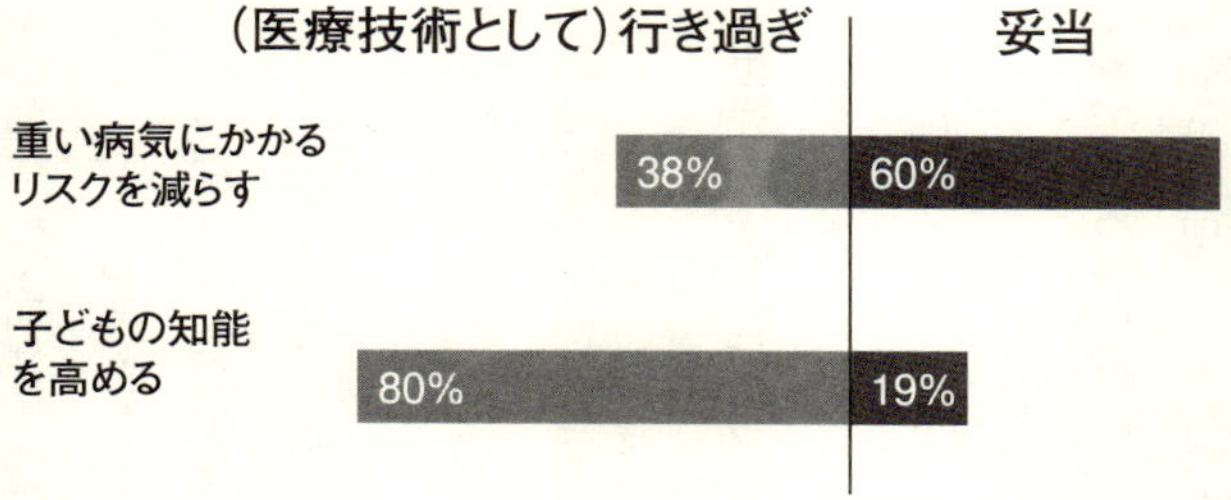

図6　受精卵のゲノム編集に関する米国の世論調査

（出典／https://www.pewresearch.org/science/2018/07/26/public-views-of-gene-editing-for-babies-depend-on-how-it-would-be-used/ 一部抜粋）

（注／無回答者はグラフに含まない。調査期間は2018年4月23日～5月6日）

見が大勢を占めました（図6）。

これを見る限り、米国世論は明らかにゲノム編集の乱用を警戒しています。

ただ、その一方で興味深いのは「重い病気にかかるリスクを減らすためなら妥当」とする回答が全体の六〇パーセントを占めたことです。この「重い病気（serious disease）」にエイズが含まれるかどうか定かではありませんが、一般的に深刻な病に対しては、その治療のみならず予防措置としても「ヒト受精卵のゲノム編集は構わない」と見る向きが強いようです。

つまり米国の世論は、この技術の利用に関して意外に積極的なのです。

それはまた、米国だけに限った話ではなさそうです。

ゲノム編集ベビー誕生のニュースが世界を駆け巡った直後、この実験を行った賀氏のもとには、中東ドバイをはじめ世界各国の不妊治療クリニックから「ヒト受精卵のゲノム編集のやり方を教えて欲しい」というメールが届きました(6)。

賀氏はこのことを、自身がかつて米スタンフォード大学留学中に指導教官であった教授にメールで伝え、これらクリニックからのメールにどう対応すべきかを相談しましたが、教授は「返事を出すな」と助言したそうです。

確かにゲノム編集が不妊治療に応用できることは事実で、すでに英フランシス・クリック研究所などでそのための基礎研究が実施されています。しかし、それ以外にもデザイナー・ベビーなど技術の乱用が懸念される中、これらクリニックが一体、どんな目的のためにヒト受精卵のゲノム編集を行うのか分からないから、そう助言したのです。

一方、日本では中国のゲノム編集ベビー誕生のニュースを受け、政府関係者らの間で危機感が募りました。

英国やフランス、ドイツなどは以前から、遺伝子改変されたヒト受精卵を子宮に移植する行為を法律で原則禁止してきました。また米国は国の指針で禁止していますが、その法制化も検討中です。

これに対し日本政府はこれまで法規制に消極的でしたが、扱いやすいゲノム編集技術クリスパーの登場により、国内の不妊治療クリニックなどがこの技術を秘密裡《ひみつり》に利用することが懸念されるようになりました。実際、関東の某不妊治療クリニックの医師は「有名女性国会議員に『ゲノム編集は不妊治療に使えるのか』と熱心に尋ねられた」と明かします。(7)

そもそも日本には生殖技術全般を規制する法律が存在せず、このことがゲノム編集のような先端医療技術への対応を難しくしてきたという側面があります。前述の国際的な科学者間の合意に基づく学会の独自ルールはありますが、実態の把握は難しく、ルール違反の危険性もあります。

そこで日本政府は厚生労働省を中心にゲノム編集でヒト受精卵（ヒト胚《はい》）を改変することを規制する法案の検討に入りました。二〇二〇年の通常国会に法案を提出することを目指しますが、一方で受精卵のゲノム編集を強く支持する人たちがいることも忘れてはいけないでしょう。

それはハンチントン病など深刻な遺伝性疾患の原因となる遺伝子（変異）を有する人たちです。彼らは自分たちだけでなく、これから生まれてくる次の世代のためにも受精卵のゲノム編集は必要と考えています[8]。また、それを主張する権利は当然あるはずです。

確かに功を焦った賀氏の暴挙が世界的な非難を浴びて以来、受精卵のゲノム編集には強い向かい風が吹いています。しかし拙速な法規制によって、逆に本来必要な医療行為までも禁止してしまうことがないよう慎重に検討される必要があるでしょう。

クリスパーの技術的課題

さて賀氏の行為が非難された、もう一つの理由は、現時点のクリスパーがヒト受精卵に適用するには技術的に未熟と見られたことにあります。

クリスパーには当初から「オフターゲット効果」、つまりＤＮＡ上の狙ったのとは違う場所にある遺伝子を改変してしまう危険性が指摘されてきました。この問題はその後の技術改良により急速に改善する方向にありますが、まだ完全に解決されたとは言えません。

また二〇一八年六月には、スウェーデンのカロリンスカ研究所などが「クリスパーによるゲノム編集は、細胞のがん化リスクを高める可能性がある」とする論文を発表。[9]続いて同年七月には、英ウエルカム・サンガー研究所が「クリスパーによるゲノム編集は、ゲノム（DNA）に想定外のダメージを与える恐れがある」とする論文を発表しました。[10]

これらの論文が言外に示唆しているのは、「クリスパーを、遺伝性疾患の治療など医学に応用することは時期尚早ではないか」ということです。

しかし米国のエディタス・メディシンやインテリア・セラピューティクス、あるいはスイスのクリスパー・セラピューティクスなど、欧米の医療ベンチャーはすでにそれに着手しています（これらベンチャーはいずれも、クリスパー技術を発明した科学者らが創業した企業です）。

彼らは「ベータ・サラセミア」や「鎌状赤血球貧血」など、メンデル性疾患をクリスパーで治療する技術を開発。その一部はすでに臨床研究の段階に入っています。

その矢先に、クリスパーの安全性に疑問符を投げかける前述の論文が発表されたわけですが、これに対し三社は即座に反論。その技術的詳細は専門的過ぎるので割愛しますが、要するに、「これらの論文に書かれていることは以前から我々自身が承知していたことであり、適切に対処すれば解決できる問題だ。我々が開発した治療法によって、細胞がん化などの副作用が起きることはない」という主旨の主張をしています。

実は、これ以前にもクリスパーの安全性に疑義を呈する論文は存在します。

二〇一七年五月、「クリスパーによるゲノム編集が、マウスのDNA上で意図せざる突然変異を多数発生させた」とする実験結果が英「ネイチャー・メソッズ」誌に発表されました。

ところが、この実験結果は追試によって否定され、同論文は二〇一八年四月に撤回されました。こうした前例があるため、この種のネガティブな研究に対しては「単にクリスパー研究者の足を引っ張りたいだけにしか見えない」という声も一部科学者の間からは聞かれます。

同性両親のDNAを受け継ぐマウスが誕生

以上のように賛否両論が渦巻く医療応用の一方で、ゲノム編集によって社会常識の限界を押し広げようとする実験も試みられるようになりました。

二〇一八年一〇月、中国科学院などの研究チームは、同性の両親からDNA（遺伝情報）を受け継いだマウスを誕生させることに成功したと発表しました。[11] これがすぐに人間に応用されることはありませんが、今後の社会が進む方向性と、それに伴う社会的論争の予兆として注目されています。

同研究チームはクリスパーを使って、雌の（生物学的）両親を持つ子マウスを二九匹、雄の両親を持つ子マウスを一二匹誕生させました。このうち前者の一部は大人へと成長し、自身も通常の交尾を経て子マウスを産むことができました。しかし後者は誕生後、数日で死亡したといいます。

これまで自然界では「コモドオオトカゲ」のような爬虫類《はちゅうるい》や「ゼブラフィッシュ」「シュモクザメ」など魚類、あるいは蛙《かえる》のような両生類では、雌だけで単為生殖するケースが何度か報告されています。

これらの生物では、ある種、外界から隔離された状況に陥ると、やむを得ない手段として単為生殖に頼るようです。しかしマウスのように、より高等な哺乳類の場合、これまで単為生殖が報告されたケースは皆無とされます。

つまり同性マウスから子どもを誕生させる今回の研究は、自然法則に果敢な挑戦を試みた実験と見ることができます。

それはどのように実現されたのでしょうか？

マウスやヒトなど哺乳類では、そのＤＮＡ上に性差を決定する「刷り込み遺伝子」と呼ばれる特殊な遺伝子が、これまでに約一〇〇種類見つかっています。中国の研究チームはこれら刷り込み遺伝子をクリスパーでゲノム編集することにより、その性差を消去してしまいました。

これによってもともと雄でありながら雌の役割も果たせるようになったＤＮＡと、別の雄の精子（ＤＮＡ）を、あらかじめ核、つまりＤＮＡを抜いたマウスの卵子に注入し、一種の受精卵に近い状態にした後で代理母マウスの子宮に移植。これによって両親が雄のマウスを出産させたのです。

両親が雌のマウスを作るには、雄の場合とは異なる手続きが必要になりますが、原理的には同様の手法によって実現されました。

ただし今回の研究はあくまでも動物実験であり、仮にその研究成果が人間に応用されるとしても、それは遠い将来のことと見られています。同じ哺乳類でもマウスとヒトでは、そのDNAや生物学的仕組みが異なるため、マウスで確立された技術をそのまま人間に応用するのは非常に危険であるからです。

しかし早くも、米ジョージ・ワシントン大学の法科教授など一部の専門家は「我々は社会として、この種の研究がどこまで許容されるか、その境界線を真剣に考慮しなければならない段階に差し掛かっている」と警鐘を鳴らします。(12) が、その一方で同教授は「異性のための不妊治療の技術研究は許されるのに、なぜ同性のための研究は許されないのか?」と述べるなど、揺れる胸の内も明かしています。

使いやすさは両刃《もろは》の剣

このように従来の常識を覆す研究を可能にしたところに、クリスパーの真骨頂が表れています。

過去の「遺伝子組み換え技術」に比べ、クリスパーは遺伝子操作の「精度」や「スピード」「汎用性（あらゆる生物に適用可能）」などの点において、桁違いの進化を遂げました。

が、これらにも増してクリスパーの最大の長所は、以前にも言及したように、その「使いやすさ」にあります。

一九七〇年代に登場した遺伝子組み換え技術は、生物学や医学などを専攻する大学院生や博士研究員らが、師匠である教授の下で何年もトレーニングを積んで、ようやく修得できる難しい技術でした。

これに対し二一世紀に登場したクリスパーは、その発明者の一人であるジェニファー・ダウドナ教授が「普通の高校生でも私たち専門家の指導により数週間でマスターできる」と太鼓判を押すほど扱いやすい技術です。

これにはプラスとマイナスの両側面が考えられます。

まずプラス面は、クリスパーが比較的容易に修得できる技術であるが故に、遺伝子操作に関わる科学・技術者のすそ野が広がること。これによってバイオや医療、製薬などの分野で、今後開発力の大幅な底上げが期待されています。

たとえば米シリコンバレーで今、大きな注目を浴びている企業に「シンセゴ（Synthego）」というバイオ・ベンチャーがあります。この会社を立ち上げたのは生物学の専門家ではありません。その共同創業者である二人の若者は、かつてイーロン・マスク氏の宇宙開発企業スペースXに勤務していたソフトウエア技術者です。

彼らはロケット設計に携る中で身につけた機敏なソフト開発手法を、本来、バイオ技術であるクリスパーに応用し、これにAIを組み合わせることで、各種バイオ製品の開発を大幅に簡易・高速化する技術サービスを提供しています。

このように技術開発のすそ野が広がると共に、そうした開発が迅速かつ容易に行えるようになることこそ、クリスパーが産業界にもたらす最大のプラス面と考えられています。

他方マイナス面は、そうしたプラス面と背中合わせの危険性です。

中国で双子のゲノム編集ベビーを誕生させた賀建奎氏はもともと物理学者で、その後生物学に転向してからもゲノム編集に関する研究成果は皆無でした。そんな彼が突如クリスパーでゲノム編集ベビーを誕生させるという大胆な実験に取り組むことができたのは、シンセゴが提供する簡便な技術サービスを注文して使ったためです。(13)

このようにクリスパーの使いやすさは「高度技術の乱用」という危険性も孕《はら》んでいるのです。

すでに米国では普通の高校生が、クリスパーを使って「酵母菌をゲノム編集して緑色に光るビールを作る」「バクテリアをゲノム編集して、ヒト型インシュリンを生成させる」といった実験に取り組んでいます。

が、彼らアマチュア科学者が、酵母菌やバクテリアなど扱いに注意を要する微生物を適切に管理できる保証はありません。遺伝子改変された微生物が人間の体内に入り込んで危害を及ぼしたり、自然界に混入して天然種と交配し、それによって生態系に悪影響を与える可能性も否定できないでしょう。

バイオ・ハッキングとは何か？

この種の行為は一般に「バイオ・ハッキング」と呼ばれ、ここ数年、米国を中心に勢いを増してきたトレンドです。

もともと、ハッキングとは「コンピュータ」や「インターネット」など、IT分野でよく見られる行為です。それには良いケースも悪いケースもありますが、いずれにせよ誰かがインターネットを経由して、主に他者のコンピュータなどIT端末を自由自在に操って、それを楽しんだり、そこから何かを得ようとする行為がハッキングと言っていいでしょう。バイオ・ハッキングとは、これをITではなく、バイオ、つまりさまざまな生物に対して行うことです。前述の「酵母菌をゲノム編集して緑色に光るビールを作る」といった行為がその典型でしょう。

これが登場してきた背景には、クリスパーのような先端バイオ技術を誰でも手軽に利用できる環境が整ってきたことがあります。

一例が「オーディン（The Odin）」と呼ばれるウェブ・サイトです。ゲノム編集クリスパーの正体は、前述の「ガイドRNA」や「ヌクレアーゼ」など各種の化学物質を含んだ試液です。

オーディンのようなウェブ・サイトでは、こうしたクリスパー試液やその操作対象となる生物（主にバクテリア）、さらにこれらを扱うためのシャーレやピペットなど一連の実験器具をキット化して、一五〇〜二〇〇ドル（二万円前後）という手ごろな値段で発売しています。

このようなサイトから、米国の高校生をはじめアマチュア科学者らがクリスパー用のD

IYキットを購入し、前述のような実験を行っているのです。

クリスパーで人体実験

その危険性が垣間見《かいまみ》える出来事が二〇一七年一〇月に起きました。前述のウェブ・サイト、オーディンの創設者でCEO（最高経営責任者）のジョサイア・ゼイナー氏が自分の身体にクリスパー試液を注射し、これによって自身の筋肉量を増やす実験を敢行したのです。

ゼイナー氏自身は名門シカゴ大学で生物化学と生物物理学の博士号を取得した後、しばらくの間NASA（米航空宇宙局）に勤務したことのある生物学者です。そのため、クリスパーのような先端バイオ技術を安全に扱うために必要な知識は備えているでしょう。しかし同氏が前述の実験を行う様子をユーチューブに公開したため、これを見たアマチュア科学者らが彼の真似《まね》をして、同様の人体実験を行うのではないか、と危惧されました。

このため同実験が行われた直後、米FDAの長官が主にアマチュア科学者らに向けて「こんなことは危ないから絶対真似しないように」と警告を発しました。しかしバイオ・

ハッカーたちはこれを半ば無視して、その後もオーディンのＤＩＹキットなどを使ってゲノム編集の実験を続けました。

一方、自分の身体で人体実験を行ったゼイナー氏のほうは、自身の筋肉量が増加した様子は見られないものの、クリスパーによる副作用は起きず、健康を害することもありませんでした。しかし、同氏の真似をして自分の身体を使って人体実験を敢行したバイオ・ハッカーらの中には、異常な免疫反応を起こして健康を損ねた人たちもいます。

これを知ったゼイナー氏は、あるポッドキャスト番組の中で「自分のやったこと（人体実験）を後悔している」と告白しています。

また、この人体実験から間もなく、同氏はドイツ連邦政府の消費者保護・食品安全省から手紙を受け取りました。

ドイツでは一般人がバクテリアのような微生物を操作することを法律で禁止しています。しかしドイツ国内には、オーディンのウェブ・サイトから買った遺伝子操作キットを使って、この禁止行為に手を染めている人たちもいます。これを取り締まるために、ドイツ政府はゼイナー氏に手紙で問い合わせることにしたのです。

手紙には「あなたのサイトで販売している遺伝子操作キットを使って、ドイツ人が自らの健康を損ねる危険性があるので、その予防措置をとりたい。ついてはキットを購入した（ドイツ人の）ユーザーらの名前を教えて欲しい」と記されていました。

これに対しゼイナー氏は「それはできない」と断りの返事を出しました。ドイツ政府がユーザーの名前を訊《き》いてきたのは彼らを守るためではなく、むしろドイツの法律に違反した彼らを逮捕するためではないかと危惧されたからです。

二億円の遺伝子治療薬を個人が作る時代に

またゼイナー氏自身も二〇一九年六月、カリフォルニア州政府の消費者保護局から事情聴取を受けることになりました。同氏がユーチューブに投稿したある動画を見た米国人の医師が、「ゼイナー氏は医師免許を持たずに医療行為を行っている」と州政府に告発したためです。

この動画の中でゼイナー氏は、「ゾルゲンスマ」という新薬をリバース・エンジニアリング（解析模倣）して安く作るための方法を、実際のデモを交えて解説していました。

ゾルゲンスマはスイスの製薬会社ノバルティスが開発した遺伝子治療薬で、「脊髄性筋萎縮症（SMA）」と呼ばれる希少疾患の患者に投与されます。二〇一九年五月に米国で認可された際の価格が、二一二万五〇〇〇ドル（二億円以上）と史上最高額を記録したことで大きな話題となりました。

政府当局者による事情聴取の中でゼイナー氏は「自分は誰かに医薬品を売ったことも処方したこともない。自分が（ユーチューブ動画などを通じて）やっているのは医療行為ではなく、遺伝子工学や医療の未来について人々を教育することだ」と弁明しました。

カリフォルニア州の政府当局者は、事情聴取が終わるころには同氏の言うことに多少理解を示したように見えました。ただ今後、実際にどう転ぶかは分かりません。ゼイナー氏には最悪の場合、三年の禁固刑と一万ドルの罰金が課せられる可能性があります。

それほどの危険を冒してまで「ゾルゲンスマの安い作り方」をユーチューブで公開した理由について、ゼイナー氏は次のように語っています。

「この薬の値段はバカバカしいほど高い。製薬会社が提供する遺伝子治療薬は完全に時代遅れだ。実際には現在のバイオ技術を使えば、（インターネット上に公開されている）科学論文や特許情報を参考に（私個人でも）非常に安い値段でこうした薬を作ることができるのに」

つまり、それを示すためにゼイナー氏は、前述のデモ動画を公開したというわけです。

同氏によれば、高校生でも使えるクリスパーの登場などにより、今のバイオ・製薬業界は一九九〇年代のＩＴ業界と同様のフェーズに突入したと言います。

「人々はかつて（マイクロソフト製の基本ソフト）ウィンドウズを不法コピーして誰かにあげていた。（もし製薬会社が今後ともゾルゲンスマのような高額薬を売り続ければ）いずれ遺伝子治療薬も（その特許が切れる前に）安くコピーされて出回るようになるだろう」とゼイナー氏は警鐘を鳴らします。

確かに同氏の言うことには一理あります。

二〇一九年、日本で約三三〇〇万円の値段をつけたことで話題になったキムリアなども含め、ゾルゲンスマのような遺伝子治療薬は二〇二四年までに六〇種類以上が発売される見込みです。仮にその投与対象が現在の希少疾患から、より罹患率《りかんりつ》の高い病気へと拡大していけば、コピー薬の闇市場が生まれる可能性すらあるでしょう。

しかし、いかに高額とはいえ新薬のリバース・エンジニアリングは違法行為ですし、闇市場に出回るコピー薬は患者の病気を治すどころか、むしろ害を与える危険性もあります。恐らく米国やドイツのみならず、日本も含め各国の政府はいずれ、こうしたバイオ・ハッキングの規制を検討せざるを得なくなるでしょう。ですが他方で、その主なツールとなるゲノム編集技術のクリスパーは、私たち人類に空前の繁栄をもたらす潜在能力を秘めています。過度の規制は、この夢の技術を押し潰す恐れもあります。

これを防ぐためには、ゲノム編集に取り組む科学者らが日ごろから地域社会・住民らとの誠実なコミュニケーションを心掛け、この技術の豊かな可能性だけでなく、バイオ・ハッキングのような危険性も含め、その実態を包み隠さず伝えることが必要となってきます。中でも真っ先にそれが求められるのは、農作物の品種改良など「食」の分野でしょう。続く第三章では、これから私たちの食卓に上ろうとしている「ゲノム編集食品」について詳しく見ていくことにしましょう。

第三章　見えないゲノム編集食品

知らぬ間に食卓に上るゲノム編集食品

間もなく、私たち消費者は「ゲノム編集食品」と呼ばれる次世代のＧＭＯ（遺伝子組み換え食品）を〝知らないうちに〟食べるようになっているかもしれません。

あえて〝知らないうちに〟と強調したのには理由があります。

これまでのＧＭＯには、それらがスーパーや食品店などで売られる場合、「遺伝子組換え」という表示義務が課せられていました。

これに対し、早ければ二〇一九〜二〇二〇年にも発売されるゲノム編集食品には、その表示義務がありません。つまり従来の野菜や肉、魚などと全く見分けがつかないため、私たちはそれとは知らずに、これらゲノム編集食品を買って食べることになるかもしれないのです。

その背景には、環境省や厚生労働省などによる新たな規制方針があります。

二〇一八年から二〇一九年にかけて、これら政府当局は「ゲノム編集食品（の大半）はGMOには該当しないため、（これまでGMOに対して課せられてきた）規制の対象外とする」という決定を下しました（詳細は後述）。

これまでGMOには、それが商品化されるための条件として、食品安全委員会による食品の化学成分の安全性チェックや審査などを経た上で、実際にスーパーなどで売られる際には「遺伝子組換え」とラベルで表示する義務が課せられていました。

これら手間とお金のかかる規制が、今後登場するゲノム編集食品では一切免除されるというのです。しかし、こうした放任主義とも言える政府の方針によって、これからの日本社会における「食の安全」は本当に保障されるのでしょうか？——この疑問が重くのしかかっているため、消費者団体などはゲノム編集食品への反対運動を展開すべく、今から手ぐすねをひいて待ち構えています。

そもそもゲノム編集食品とは、前章で詳しく紹介したTALENやクリスパーなどゲノム編集技術によって品種改良された農作物や家畜、魚、さらにはこれらを原料とする加工食品などのことです。それらはまた、「最新鋭のバイオ工学によって、生物本来のゲノム（遺伝情報）を書き換えられた一群の動植物」と言い換えることもできます。

このように未知の、そしてドラスティックな科学の手が加えられる以上、今後登場するゲノム編集食品には従来のGMOと同様、あるいはそれ以上に厳しい規制がかけられてもおかしくない――そう思われる方も少なくないかもしれませんが、こうしたいわば「常識的」とも思える判断に背を向けて、日本政府が事実上の放任主義へと舵《かじ》を切ったのはなぜでしょうか？

そこには「米国の意向が強く働いたのではないか」という見方があります。

二〇一八年三月、米国の農務省は「ゲノム編集された農作物（の一部）は（GMOに該当しないので）従来規制の対象外」とする声明を出しました。日本政府はこうした米国の出方を横目に見ながら、前述のような自国の規制政策を決定したと見られるのです。

もちろん米国政府が日本にあからさまな圧力をかけてきたなどという証拠はありません。

しかしゲノム編集食品の研究開発とその商品化で世界をリードしようとする米国に対し、日本政府が「阿吽《あうん》の呼吸」で歩調を合わせた可能性は十分あります。

クリスパー発祥の地である米国では今、この技術を使って多種多様なゲノム編集食品が続々と開発され、その一部はすでに市場に出回り始めています。

こうした米国の動きを日本は側面から支援すると同時に、近い将来、自らもこの先端バイオ技術を駆使して、新たな成長産業を育成していく——これが日本政府の思惑と見られています。

このように日本の政策にも強い影響を与える米国の現状から、まずは詳しく見ていくことにしましょう。

米国人はすでにゲノム編集食品を口に入れている

米国のゲノム編集食品、中でも農作物は今まさに研究開発から商品化の段階に差し掛かっています。

すでに全米各地の大学や研究所などでゲノム編集による品種改良が進められ、「褐変しない白色マッシュルーム」「食物アレルギーを引き起こすグルテンの発生を抑え、食物繊維の含有量を増やした小麦」「干ばつに強いトウモロコシ」「除草剤への耐性を備えた菜種」など実に多彩な農作物が開発されています。

これらを作り出した研究者の中には、その技術を携えて自ら会社を興す人もいます。二〇一〇年、米ミネソタ州に設立されたバイオ・ベンチャー「ケイリクスト（Calyxt）」もそんな会社の一つです。

同社の共同創業者で最高科学責任者（CSO）でもある、ダン・ヴォイタス博士はミネソタ大学の遺伝学教授です。彼は第二世代のゲノム編集技術であるTALENの専門家として知られ、この技術に関して自ら取得した特許を基に会社を立ち上げたのです。

ケイリクストは従業員数が約五〇名の小企業ですが、その三分の二は科学者です。彼らが提案した数多くのアイディアの中から、真っ先に開発されたのが「加工した際にトランス脂肪酸を発生しない大豆」です。

トランス脂肪酸は大豆などから精製される食用油を固める加工工程で生成され、これまでマーガリンや一部のパン、ケーキ、クッキー、ドーナツなどに含まれてきました。しかし「心臓疾患のリスクを高める」などの理由から、米FDA（食品医薬品局）が二〇一三年にトランス脂肪酸の使用を段階的に禁止する方針を表明。二〇一八年六月以降は食品への添加を原則的に認めていません。

これを受け、米国におけるトランス脂肪酸の消費量は、二〇〇三年から二〇一二年の間に七八パーセントも減少。当然、その原料となる大豆の消費量も大幅に落ち込みました。

大豆は米国の農業で「肉牛」「トウモロコシ」に並ぶ主要産品ですが、トランス脂肪酸の禁止により米国の大豆農家は大打撃を受ける可能性がありました。彼らに向けて、ケイリクストは「トランス脂肪酸を発生しない大豆」を開発・提供しようと決めたのです。

米国では主要農産物の多くが、交配・選択育種など伝統的な品種改良ではなく、一九七〇年代に登場した遺伝子組み換え技術によって開発されてきました。中でも大豆は、全体の約九五パーセントが「GMO（遺伝子組み換え作物）」で占められています。

しかし米国でもGMOに対する風当たりは強く、米国人の約六割は「GMOは安全ではない」と見なしています。また従来の遺伝子組み換え技術は「農作物の収穫量を増やす」などの目的には有効でしたが、「健康に良い作物を作り出す」といった高度な品種改良は無理でした。

このため、ケイリクストは、遺伝子組み換え技術ではなく、ゲノム編集によって「トランス脂肪酸を発生しない大豆」を開発することにしました。

大豆のＤＮＡ（ゲノム）上で、有害なトランス脂肪酸の原因となる遺伝子は二か所あります。ケイリクストは、狙った遺伝子をピンポイントで改変できるゲノム編集技術、ＴＡＬＥＮを使って、その二か所の遺伝子を切断（破壊）しました。これによって目的とする「トランス脂肪酸を発生しない大豆」を作り出すことに成功したのです。

二〇一八年、ケイリクストはミネソタ、アイオワ、サウスダコタ州にある七八軒の農家と契約を交わし、全体で約一万七〇〇〇エーカー（六八・八平方キロメートル）に上る農地で、同社が開発したゲノム編集大豆が生産・収穫されました。[1]

ケイリクストは二〇一九年二月、このゲノム編集大豆から精製された食用油を四〇社以上の食品事業者に向けて販売開始。すでに米国の中西部に展開するレストラン・チェーン店などで、この食用油が客に提供されています。それはたとえば「ドレッシング」「ソース」そして「フライ（揚げ物）」などの材料として使われています。

ただし、これらのレストランを訪れた客は、そこで自分たちが口に入れたものが「ゲノム編集食品」であることを知らされていません。またケイリクストはそのレストラン・チェーンの名前を明かそうとはしません。

ケイリクストがこのゲノム編集大豆の開発に着手してから、その商品化（発売）までに要した期間は約六年です。これまでの遺伝子組み換え技術では、新しいＧＭＯ品種を開発・発売するまでに平均一三年の歳月を要しましたが、ケイリクストはその半分以下の期間で商品化を成し遂げたことになります。

そこには「狙った遺伝子をピンポイントで操作できる」という、ゲノム編集ならではの長所が最大限に活用されています。これによって迅速な商品開発が可能になったのです。

米国のゲノム編集作物を巡る規制環境

ケイリクストが今回、異例の早さで新型品種を商品化できたことには他の理由もあります。それはＴＡＬＥＮやクリスパーを使って開発される「ゲノム編集作物」は、従来のＧＭＯに課せられてきた規制を基本的に免除されることです。

従来のGMO規制では、遺伝子組み換え技術で開発された農作物が、人間や環境に害を与える危険性がないかなどを確認する安全性検査を、GMOの開発元であるバイオ企業に義務付けてきました。この検査に含まれる長期間の作付実験（屋外での試験栽培）なども相まって、GMOの開発・商品化には、前述のような長い歳月と約一億三〇〇〇万ドルもの費用を要したのです。

また二〇一六年ごろから、これらGMOが米国のスーパーや食品店などで売られる際には、「遺伝子組み換え」とラベル表示することも義務付けられました。これは表示の義務化で先行するEUや日本の後を追った形です。

これまで米国でこうしたGMOの規制政策を担当してきたのは、「農務省」と「FDA」、そして「EPA（環境保護庁）」です。今後、開発・商品化されるゲノム編集食品の規制に当たるのも、これらの組織です。

このうち農務省は早くも二〇一六年ごろから、ゲノム編集作物が従来のGMOに該当するか否かをケース・バイ・ケースで判定してきました。その先行事例として注目されたのが、クリスパーによる品種改良で開発された「褐変しない白色マッシュルーム」です。

通常の野菜や果物などは、スーパーや食品店の商品棚で売れ残れば、やがて褐色に変色してしまいます。そこでクリスパーによるゲノム編集で褐変しないようにすれば、棚に置かれた白色マッシュルームはいつまでも白く新鮮に見えるので、比較的長期間にわたって売ることができるというわけです。

これを開発した米ペンシルベニア大学の植物学者が農務省に手紙で問い合わせたところ、二〇一六年四月に同省から届いた返事によれば、このゲノム編集マッシュルームは従来のGMO規制の対象外とのことでした。

なぜこのような判定が下されたのでしょうか？

その理由はGMOとゲノム編集作物の作り方の違いにあります。

第二章でも紹介したように、GMOとは、たとえば殺虫性のバクテリアなどから取り出した外来遺伝子を、ある種のバクテリアの感染力を使って農作物本来のDNAに組み込んだものです。これが農務省などによるGMOの基本的な定義です。

これに対しペンシルベニア大学の植物学者が開発した新型マッシュルームでは、そのゲノム（DNA）上にある二か所の遺伝子（厳密にはSNP）をクリスパーにより切断するだけで、「褐変しない」という特徴を作り出したのです。

つまりそこには外来遺伝子は組み込まれていないので、従来のＧＭＯには該当しません。ですから農務省は「この白色マッシュルームにはＧＭＯ規制が適用されない」と判断したのです。

以来、二〇一八年七月までに二二種類のゲノム編集作物が同じくケース・バイ・ケースで農務省によって判定され、いずれも「ＧＭＯ規制の対象外」というお墨付きをもらいました。そこには、前述のケイリクストが開発した「トランス脂肪酸を発生しない大豆」なども含まれます。

また二〇一八年三月、農務省は満を持して「ゲノム編集で開発された農作物のうち、外来遺伝子が組み込まれていないものは自然界の突然変異と同じであり、ＧＭＯ規制は適用されない」という主旨の声明を出しました。

しかし同じくゲノム編集技術を使っても、外来遺伝子を組み込んだ農作物を作り出すことは可能です。その場合にはＧＭＯの定義に当てはまりますから、これには従来の規制が適用されることになります。

前述の白色マッシュルームに始まる二二種類のゲノム編集作物のDNAには、外来遺伝子は組み込まれていません。いずれもDNA上にある特定の遺伝子をTALENやクリスパーで切断することによって、何らかの食用上の長所を生み出しているのです。だからこそ、農務省はこれらすべてを「GMO規制の対象外」と判定したわけです。

このような決定が下された背景には、当時のダウ・デュポン（現コルテバ・アグリサイエンス）や独バイエルに買収される前のモンサントなど、米国の大手バイオ企業による密《ひそ》かなロビー活動があると見られます。つまり業界をあげて、「外来遺伝子さえ組み込まなければGMOではない」という主張をロビー団体などを介して米国の政官界に訴えかけ、それが首尾よく認められたというわけです。

その一方で大手バイオ企業は、クリスパーを使って外来遺伝子を組み込まずに新型農作物を着々と開発してきました。つまり、ここまでは彼らの思惑通りに物事が運んでいるのです。

しかし、これらの動きを米国の消費者団体や環境保護団体など、NGOは激しく非難しています。第二章で紹介したように、現在のクリスパーには「オフターゲット効果」、つまりＤＮＡ上で狙ったのとは違う場所を改変してしまう危険性、あるいは「ＤＮＡの想定外のダメージ」など副作用の危険性が指摘されています。これらの危険性はまた、ＴＡＬＥＮのような旧世代のゲノム編集技術でも完全に払拭されたわけではありません。

そうだとすれば、たとえ外来遺伝子を組み込まなくても、予想もしないＤＮＡ変異による毒性、あるいは環境への悪影響などが懸念されます。ですから米国のＮＧＯは「ゲノム編集作物にもＧＭＯのような規制を適用せよ」と訴えているのです。

このためケイリクストやコルテバ・アグリサイエンスなど、米国のバイオ業界は警戒を緩めていません。つまり、これまでは彼らに有利な方向に進んできましたが、この先、農務省が方針を一八〇度転換して「ゲノム編集作物もＧＭＯのように規制する」という可能性も残されているのです。

家畜のゲノム編集には異常な副作用

ここまで米国におけるゲノム編集作物の規制状況を見てきましたが、同じゲノム編集技術による品種改良でも、農作物のような「植物」と家畜や魚のような「動物」とでは様子が全く異なります。

まず規制を担当する役所が違います。ゲノム編集された穀物や野菜・果物など農作物を規制するのは農務省ですが、家畜や魚を規制するのはＦＤＡです。

その理由は、「遺伝子組み換え」や「ゲノム編集」などバイオ技術を使って品種改良された家畜や魚が、一種の「医薬品」に該当するからだそうです。一般消費者から見れば実に奇妙な分類の仕方ですが、とにかく、この理由に従って、ゲノム編集された家畜や魚などはＦＤＡが規制することになったのです。

米国ではすでにゲノム編集を使って「牛に激痛を与える徐角作業を不要にする、角の生えないホルスタイン牛（乳牛）」や「従来よりも少ない飼料で大きく成長する豚」などが、一部ベンチャー企業によって開発されています。

これらゲノム編集された家畜、さらには魚などがいずれ商品化される際には、ＦＤＡは「医薬品並みの厳しい審査（規制）を施す」と表明しています。

規制の具体的な内容は未だつまびらかにされていませんが、少なくとも（外来遺伝子を組み込まない）ゲノム編集作物のような、「規制の対象外」にはなりそうもありません。

恐らくは、これまでのＧＭＯ規制と同等、あるいはそれ以上の厳しい規制となる可能性もあります（ＧＭＯには農作物以外にも遺伝子組み換えされた家畜や家禽、魚なども含まれ、これらも従来規制されてきました）。

ＦＤＡがこのようにシビアな姿勢で臨むことを決めた背景には、それなりの理由があります。これまでゲノム編集で開発された農作物には、消費者団体などが猛反対する割には、「強い毒性」のような副作用は報告されていません。つまり「トランス脂肪酸やグルテンを発生しない」など健康に良い性質が育まれた以外には別段、これといった変化は見られないのです。

ところがゲノム編集で開発（品種改良）された家畜などの動物には、奇妙な副作用が報告されています(2)。

たとえば中国の科学者が食用ウサギの受精卵をクリスパーでゲノム編集し、その脂肪量を減らして筋肉量を増やそうとしたところ、この受精卵から生まれてきたウサギの舌が異常に肥大していました。

同じく中国の北京《ペキン》近郊にある実験施設では、豚の受精卵をゲノム編集して、その筋肉量を増やそうとしたところ、この受精卵から生まれてきた豚には脊椎（椎骨）が二本発生していました。通常の動物であれば脊椎は背中に一本通っているだけですが、このゲノム編集ブタには、背中に加えて胸部にも脊椎が生じていたのです。

他にも、ゲノム編集された「羊の胎児」が子宮内で異常に巨大化したために、母羊を帝王切開して生ませるしかなかった。あるいはゲノム編集された子牛が誕生から間もなく死亡したなどのケースが報告されています。

これらの異常が生じた理由はよく分かっていません。そもそも「ゲノム編集」という技術以前に、これら家畜のゲノムを構成する数多くの遺伝子がその身体の仕組みや特徴とどう関係しているのか――この辺りの科学的な理解が未だ不十分なのです。

しかし農作物のような「植物」よりも家畜のような「動物」のほうが、より高等で複雑な仕組みを備えた生物であることは常識的に考えても分かります。このように複雑化の度合いが増すほど、ゲノム編集によって意図せざる副作用が生じる危険性も増すのではないでしょうか。

もっとも、生まれた子牛がすぐに死亡したケースはゲノム編集ではなくて、それと一緒に使われたクローン技術のせいではないか、との見方が有力です。また、前述のような数々の異常が生じてはいても、これらゲノム編集動物（家畜）の肉に毒性は検出されていません。

が、そうは言っても、これほど奇怪な現象を見せつけられると、その食品としての安全性に懸念を抱かざるを得ません。

これらはいずれも中国など海外のケースですが、米国のFDAは国内外を問わずゲノム編集動物の安全性に関するデータを収集していますから、ここから、前述の「厳しく審査する」との姿勢表明につながったのでしょう。

また、その後は米国でも、前述のゲノム編集で開発された「角の生えないホルスタイン牛」のDNAに、誤ってバクテリアの遺伝子が組み込まれていたことが判明し、その安全性に疑問符が投げかけられました。

規制方針は各国でマチマチ

以上が米国の状況ですが、他の国や地域では様子がだいぶ違ってきます。

まずEUでは、ゲノム編集作物が登場する以前から、GMOは「予防原則」に基づいて米国よりも厳しく規制されてきました。

予防原則とは、何らかの技術やそれによって作られた物が、人の健康や環境に重大な危害を及ぼす恐れのある場合には、たとえ因果関係が立証されなくても予防のための規制を可能にするという原則です。これに従ってEU域内を流通するGMOは、安全性審査を経て発売が承認されてからも、GMOを明示して、その流通過程を全追跡できるようにする管理義務が提供者に課せられてきました。

こうした中で欧州司法裁判所の法務官は二〇一八年一月、「外来遺伝子を組み込まないゲノム編集作物は自然界の突然変異と同じであり、GMO規制から除外されるべき」とする意見書を提出しました。

これに対し環境NGOなどが異議を唱えたため、欧州司法裁判所は二〇一八年七月、改めて「ゲノム編集作物は自然には生じないもの」と指摘した上で、「その手法に関係なくEUの法律が定めるGMOに含まれ、同一に規制すべき」との判断を示しました。(3)

一方、ブラジルやオーストラリアなどの政府は「外来遺伝子が組み込まれていないゲノム編集食品はGMO規制の対象外」とする方針を表明しています。

ここで注意しなければならないのは、ゲノム編集の対象となる食品には「農作物」以外に「魚や家畜」なども含まれるということです。ここまで考えると現状は非常に複雑です。なぜなら国や地域によっては、ゲノム編集された農作物だけに限って方針を示しているケースもあれば、家畜や魚なども含めて示しているケースもあるからです。

前者に該当するのがEU、後者に該当するのがブラジルやオーストラリアなどです。

後者の国々はいずれも畜産業が主要産業なので、牛や羊など家畜をゲノム編集で品種改良したいと考えています。ですから農作物だけでなく、家畜も規制対象外としたのです。

これに対し米国は非常に微妙なケースで、農作物に対する規制方針は明確に示されていますが、家畜や魚などに対してはまだです。しかし、前述のように恐らく比較的厳しい規制になると見られています。

そうした中、日本では二〇一八年八月、環境省が生物多様性への影響という観点から、ゲノム編集生物（具体的には農作物や家畜、魚など）への規制方針を発表。ここでは「ゲノム編集で生物のDNAを改変しても、そこに外来遺伝子が組み込まれていなければ規制は不要」ということになりました。

念のために言うと、ここにおける「規制」とは、従来のGMO（遺伝子組み換え生物）に対する規制のことです。

これまで日本では生物多様性を確保する「カルタヘナ法」に基づき、これらGMOが野生の動植物に影響を与えないことを確認するための「環境影響評価」が義務付けられてきました。これはGMOを「（農作物や家畜など）食品」としてではなく、本来の動植物として見た場合の規制です。こうしたGMOに対する「環境面の規制（環境影響評価）」が、ゲノム編集生物には適用されないことに決まったわけです。

翌二〇一九年三月、厚生労働省の食品衛生分科会が「ゲノム編集技術を利用して得られた食品等の食品衛生上の取扱いについて」という指針を発表。これがゲノム編集食品に対する厚生労働省の最終的な規制方針と見られています。

それによれば、ゲノム編集食品は、外来遺伝子が当該生物のDNAに挿入された場合を除き、原則的に従来のGMO規制の対象外となります。これは基本的に環境省の方針と同じです。

これにより、外来遺伝子が組み込まれていないゲノム編集食品を開発・商品化するメーカーなどはあらかじめ国（厚生労働省）に届け出をすれば十分で、従来のGMO規制が課してきた安全性審査などは不要ということになりました。

この届け出は一〇月一日から受け付けが始まりましたが、現時点では法的な義務はなく、店頭で販売される商品に「ゲノム編集食品」などと表示する義務もありません。

これを決めるに当たって、同分科会の議論では「届け出や表示の義務化」を求める意見も出されましたが、「ゲノム編集食品では（外来遺伝子を挿入しない限り）自然界で起きる突然変異や従来の育種技術（交配や選択育種）と区別がつかず違反の発見が困難」といった理由から、義務化は見送られました。

これらは基本的に米農務省が二〇一八年三月に発表した規制方針とほぼ同じですが、興味深いのは日本における「ゲノム編集食品」が具体的に何を指しているのか、という点です。

前述のように、米国の場合、同じゲノム編集食品でも農作物は農務省、魚や家畜などはFDAの管轄です。ここで農務省は「ゲノム編集された農作物（のうち、外来遺伝子が組み込まれていないもの)」を規制の適用外としましたが、FDAはゲノム編集された家畜や魚を「医薬品と同等に」厳しく規制する見通しです。

これに対し日本では厚生労働省が農作物、魚、家畜などすべての食品を管轄しています。前述の分科会で配付された資料には、ゲノム編集食品に該当するものとして「ゲノム編集技術の利用により得られた農産物や水産物等」と書かれているだけで、家畜に対する言及はありません。しかし逆に「家畜を除外する」と明確に記されているわけでもありません。ですから今のままでは恐らく、単に農作物だけでなく魚や家畜などについても、ゲノム編集で品種改良された生物(食品)は、そのDNAに外来遺伝子が挿入されなければ、規制の対象外となるでしょう。

となると日本はゲノム編集食品に対して、米国以上に緩い規制、つまり事実上の放任政策になりそうです。しかし、前述のように、中国などではゲノム編集された家畜で異常が報告されていますから、これも含めて規制の対象外とするのは危険でしょう。

日本で開発されたゲノム編集食品

このような規制方針に至った理由は明確に示されていません。

しかし考えられる一つの理由は、日本ではゲノム編集で農作物や魚を品種改良する研究が盛んに行われているため、厚生労働省など規制当局の関心が家畜にまで向かわなかった、ということです。

つまり本来は、ゲノム編集された「農作物と水産物」に対する規制方針であったはずなのに、ほぼ無意識のうちに家畜（や恐らく家禽《かきん》）まで、今回の決定事項に含めてしまったと考えられるのです。

日本では二〇一八年六月、政府の「統合イノベーション戦略」において、ゲノム編集食品に対する規制方針を年度内（二〇一九年三月末まで）に決めることを求めました。有り体に言えば「日本が得意とする水産物や農産物の品種改良において、ゲノム編集は非常に有望な手段だから、その開発と商品化を促すために早く認めてくれ」ということです。

これに従って大急ぎで規制方針を決めたため、その対象となる項目を厳密に区別するところまで注意が向かわなかったのではないでしょうか。

いずれにせよ、日本では魚介類や野菜、米（稲）などをゲノム編集する研究が活発に行われていることは事実です。

中でも、しばしばテレビや新聞など各種メディアで報じられるのは、京都大学と近畿大学が共同で研究開発している「肉厚の真鯛《まだい》」です。これは真鯛（の受精卵）のDNA上にある「ミオスタチン」という遺伝子をクリスパーで切断することによって実現されました。

ミオスタチンは魚や家畜、さらに私たち人間のDNAにも含まれている遺伝子ですが、いずれも筋肉の発達（増加）を抑える「ブレーキ」の役目を果たしています。ですから、この遺伝子をゲノム編集で破壊すれば、ブレーキがなくなって筋肉がどんどん発達するというわけです。

実際、肉厚真鯛の共同開発では同時に生育してきた二匹を比べると、ゲノム編集された魚のほうが（されない魚より）一・五倍ほど肉量が増加して、身体が分厚くなっているのが見て取れます。また、これを開発した研究者によれば、その肉の味は普通の真鯛と変わらず、食感は「モチモチ」として美味しいということです。

一方、農作物の品種改良で注目されているのが、筑波大学で開発された「GABA（ギャバ）を大量に含むトマト」です。GABAは通常のトマトにも含まれているアミノ酸の一種ですが、血圧の上昇を抑える働きがあるとされます。したがって、このＧＡＢＡ成分をゲノム編集で増量させたトマトは健康にとても良いというわけです。

日本では、他にも多種多様な魚や農作物などが、主にクリスパーを使ってゲノム編集されていますが、いずれも「肉厚真鯛」と同様、ＤＮＡ上にある特定の遺伝子を切断することによって実現されています。

つまり従来のＧＭＯのような外来遺伝子は組み込まれていません。くどいようですが、ゲノム編集を使っても動植物のＤＮＡに外来遺伝子を組み込むことは可能ですし、そうしたほうが品種改良の自由度も高まります。

ですが日本や米国の科学者らは、あえてそれをしないで、ＤＮＡ上の特定遺伝子（領域）を破壊することによって品種改良を行っています。そうすれば、前述のように手間とお金のかかるＧＭＯ規制の対象外となるため、より短期間かつ低コストで、ゲノム編集食品を開発・商品化できるというわけです。

具体的には、ゲノム編集を使えば、真鯛のような魚の場合は従来の約八倍、トマトのような農作物の場合は従来の約一〇倍の速さで品種改良が達成できるとされます。その分、開発コストも大幅に削減されることは言うまでもありません。

すでに種苗会社パイオニアエコサイエンス（本社・東京都）が二〇一八年四月に設立した「サナテックシード」というベンチャー企業では、ＧＡＢＡ増量トマトの開発チームを率いる江面《えづら》浩《ひろし》・筑波大学教授を最高技術責任者として迎え、二〇一九年内にもこのトマトを商品化して発売することを目指しています。消費者の健康志向が高まる中、ニーズは大きいと見ているのです。

ただ今後、このような動きが他の大学や企業へと急速に広がるとは思えません。後述するように、一九九〇年代にＧＭＯが商品化された当初、それは消費者から見向きもされませんでした。この記憶が未だ関係者の脳裏に焼き付いているだけに、今回のゲノム編集食品に対して大半のメーカーは当面、様子見を決め込むのではないでしょうか。

割れる科学者の見解

そうした中で興味深いのは、厚生労働省などが提示した「ゲノム編集食品は（原則的に）規制の対象外」という方針に対する科学者らの見解です。意外にも彼らの意見は割れているようです。

たとえば日本ゲノム編集学会会長の山本卓《たかし》・広島大学教授は「ゲノム編集により、自然でも起こり得る欠失変異（DNAを構成する塩基配列の一部が欠ける）を起こしたケースについて、規制の対象外としたのは妥当な判断だ」と述べるなど、厚生労働省の規制方針を原則的に支持しています。(4)

逆に、前述の肉厚真鯛の開発チームを率いる木下政人《まさと》・京都大学助教は「僕らは法的に規制されてもよい。むしろ何が起こるか分からないので自主規制している」と述べ、それが商品化された際の表示ルールについても「『知らない間に食べさせられるのはイヤ』というのはもっともな話だから、〝ゲノム編集魚〟と表示すればよい」と語るなど正反対の姿勢です。

これらはいわば「提供者」側の意見ですが、逆に「消費者」側ではゲノム編集食品をどう受け止めているでしょうか。これを知るために「生活クラブ事業連合生活協同組合連合会」（以下、生活クラブ）に取材しました。

生活クラブは、北海道から兵庫県まで三三の生活協同組合で構成する生協連合会で、その組合員の数は約四〇万人です。
彼らは二〇一八年七月、「ゲノム編集技術の応用で生み出される食品の安全性への疑問、また生物多様性への影響や『種子の独占』のさらなる拡大について深い懸念を表明します」という統一見解を公表しています。
これを前提に、生活クラブの企画部部長、前田和記《かずき》氏にお話を伺いました。以下、その一問一答の様子です。

――二〇一八年から二〇一九年にかけて日本では環境省や厚労省が「ゲノム編集食品（の一部）は原則的に従来のGMO規制の対象外」とする方針を発表しました。これについてどう思いますか？

それに先立ち、アメリカがノックアウト系（DNA上の遺伝子をゲノム編集で破壊する方式）はGMO規制の対象外と定めています。ですから（日本政府の対応は）良くも悪くもアメリカを横目で見て、それにマッチした制度を作ったのだろうと考えています。

――そもそも従来のＧＭＯ規制をどう見ていましたか？

体裁上は、ＧＭＯの「環境影響性」「食品安全性」について審査すると定めていますが、審査の中身はＧＭＯを開発したメーカーが提出した申請書をめぐって、疑義や齟齬《そご》があるところを点検する程度です。つまりザル法ですね。

それでも規制がないよりはマシですから、「ゲノム編集食品では規制しない」となると一歩後退になってしまいます。

――ゲノム編集では狙った遺伝子をピンポイントで操作できます。つまり「操作精度が飛躍的に上がった」というのが、その安全性を主張する理由の一つになっていますよね？

それは確かにそうですが、一方で「オフターゲット効果（意図せざる影響）」という問題が残っています。それによる「食の安全性」への影響をきちんとチェックする必要があるのに、「それも義務化しない」と言う。本来なら、オフターゲット効果などについて科学者が、もっと基礎研究を積み重ねてから決めるべきだと思います。

――仮に今の状況でゲノム編集食品が市場に出回り始めたら、どうなると思いますか？

まず開発企業（メーカー）側は「ＧＭＯのときのような失敗は二度と繰り返すまい」と考えているでしょうね。

アメリカで最初にＧＭＯが商品化されたのは一九九〇年代。それは「フレーバーセーバー」という商品名の「腐らないトマト」でした。

当時、これを開発したメーカーは「腐らない」という点を消費者利益として積極的に打ち出して発売したんですが、これが消費者に受け入れられずに、フレーバーセーバーは市場から消えました。

その後、ＧＭＯを提供する業界では、油や糖類の原料としてＧＭＯを使うようになりました。これらの加工食品では原料表示が不要なんです。ですから、一般消費者には、

GMOであることを見えなくすることで、GMOを食べさせる方向へと方針転換したんですね。

今後、米国や日本などでメーカーがゲノム編集食品を発売するとき、どっちのやり方を選ぶかによって、消費者の反応は違ってくると思います。

仮に、GMOのように加工食品の原料や家畜の飼料などにゲノム編集作物を使うことによって、やはり「見えなく」して売っていくつもりなら、消費者はぼんやりと「食べたくない」とは思っているが、それとは気付かずに食べるという状況になるかもしれませんね。

——しかし、日本でゲノム編集食品を開発するベンチャー企業は「栄養価を高めたトマト」のように消費者利益を前面に出して売ろうとしているように見えますが?

そうした一種センセーショナルな高付加価値食品は、マスコミが大々的に報道してくれるでしょうね。しかし、それに消費者がどう反応するかが問題です。ゲノム編集食品が発売されれば、これに関する世論調査が実施されるでしょう。その反応を見ながら、我々としては今後の対応を考えていくつもりです。

――現時点では、どのような対応になると考えていますか？

過去にＧＭＯについて我々が対応を決めたのは一九九七年のことです。当時は二つのシンプルなルールに従って対応しました。

まず、加工食品の主原料に限らず、いわゆる微量の原料であっても「ＧＭＯは排除する」というのが一つ。これは、流通システムの川上にいる生産者と我々とのつながりで排除できると考えました。

しかし完全に排除できないことも考えられますから、その場合には「ＧＭＯであることを表示する」というのが二つ目のルールですね。

ゲノム編集食品に対しても、これと同じ姿勢で臨みます。

――要するに今のままなら「ゲノム編集食品は、原則的に排除する」ということですね。逆にメーカーや科学者など、提供者側が何をすれば、ゲノム編集食品は消費者から受け入れられると思いますか?

基礎研究の段階で(提供者側にとって)不利益となる情報も、きちんと開示することだと思います。

かつてGMOが市場に出回り始めたとき、一部の研究者がこれに批判的な研究をしても、学会として封じ込めようとする動きがありました。GMOがあれだけの反発を食らったのは、そのように、都合の悪い情報を隠そうとしたのが理由の一つでした。

――ただ、お言葉を返すようですが、今では「GMOが安全だ」とは言わないまでも、少なくとも「危険だという証拠もない」というのが通説になっていると思いますが?

そうですね。我々も「危険だから食べない」と言っているわけではないんです。そうではなく「食は保守的に取り扱わないといけないので、予防原則で取り組んで欲しい」ということです。つまり、GMOやゲノム編集食品のように、基本的にまだよく分からないものについては、「従来の食で必要十分だろう」というのが私たちの立ち位置なんです。

――GMOやゲノム編集食品などへの理解を深めるために、生活クラブ、あるいはそれに代表される消費者団体などは科学者と直接対話することはありますか?

ありますす。その場合、ちゃんと両方の主張を聞きます。GMOやゲノム編集食品などに批判的な意見だけを扱うと、一種の情報操作になってしまいますからね。

二〇一八年九月にも市民団体(たねと食とひと@フォーラム)が、ゲノム編集食品に賛成と反対の両方の専門家を集めてシンポジウムを開きました。生活クラブも出席しましたよ。

――どうでしたか?

面白かったですね。ゲノム編集推進派からは、ゲノム編集学会・会長の山本卓・広島大学教授が参加されましたが、「我々は当然、良かれと思ってゲノム編集を推進している。ただし情報開示については、GMOの轍《てつ》を踏まないようにちゃんとするべきだ」とおっしゃってました。

かつてGMOのときには互いに喧嘩腰《けんかごし》になってしまって議論するのが難しかったのですが、ゲノム編集学会の科学者たちは紳士的ですね、今のところ。

――GMOが騒がれた当時から二〇年以上が経った今、(賛成、反対)双方の意識が成熟してきて、お互い聞く耳を持ち始めたということでしょうか?

どうなんでしょうか。世論(一般消費者)という意味では、センセーショナルに「ノー」と言う声は確かに弱まったかもしれませんが、「そうだと知ったら食べたくない」

という人たちは一定の厚みで、減りもせず増えもせずにいると思いますよ。

以上がインタビューの抜粋ですが、お読みになって、どんな感想を持たれたでしょうか？

筆者は正直、「ゲノム編集食品が一般消費者から受け入れられるのは相当難しいな」という印象を抱きました。

もちろん生活クラブのような生協は一種のNGOですから、彼らを代表する前田氏の意見が必ずしも一般的な消費者の意識を反映しているとは限りません。

しかし、インタビューの中で同氏が力説していた「食は保守的に取り扱わないといけない」という見解は、恐らく一般消費者の気持ちをそのまま代弁していると見ていいのではないでしょうか？

確かに人口減少時代に突入して経済にかつての勢いは見られないものの、現代の日本社会には食料が溢《あふ》れています。そうした中でなぜあえてゲノム編集食品のような未知の食料を口に入れる必要があるのか？　これに対する答えがなかなか浮かばないのです。

もちろん、ゲノム編集食品が危険だと決めつけているわけではありません。日本を代表する有名大学の研究者たちが日夜知恵を絞って開発しているわけですから、食べてすぐ毒になるようなものを作り出すはずがありません。

ですが現時点でも多少お金を出せば世界中から集めた美味しいものや健康志向品を食べることができる日本において、あえてそれらの代わりにゲノム編集食品を選ぶ理由は何でしょうか？　「バイオ工学の力で栄養価を高めました」程度の理由では、消費者は振り向いてくれないような気がします。

実際、東京大学医科学研究所が二〇一八年に二〇～六九歳の男女約三万八〇〇〇人を対象にインターネット上で意識調査を実施したところ、ゲノム編集された農作物を「食べたくない」と答えた人は全体の四三パーセントに達したのに対し、「食べたい」は九・三パーセントに止《とど》まりました。また畜産物では「食べたくない」が五三・三パーセント、「食べたい」が六・九パーセントと拒否反応が顕著になります。[5]

また、ゲノム編集について（この調査があるまで）「全く知らなかった」と答えた人が全体の五七・四パーセントに達するなど、必ずしもよく理解した上で答えているわけではないことも見て取れます。恐らくは「何となく怖いから食べたくない」という感情的な反応ではないかと推測されます。

その一方で少数派ながらも「ゲノム編集食品を食べたい」との回答が約七〜九パーセントに達したことは、筆者の第一印象に反して、それなりの市場が生まれることを予想させます。

そうした中で一つ気になるのはゲノム編集食品の売り方です。メーカー側では、はっきりそうだと断った上で売るのか、それともそこは表に出さずに売っていくつもりなのか？ インタビューの途中での前田氏の口ぶりから察するに、恐らくメーカー側では「ゲノム編集食品であることを見えなく」して売っていく公算が大きいと同氏は見ているようです。

確かに一九九〇年代の米国におけるフレーバーセーバー（腐らないトマト）では当初、GMOであることを公表して発売したところ消費者から見事にそっぽを向かれた、という前例があります。

ですから今回のゲノム編集食品では、同じ間違いを繰り返すまいとメーカーが考えるのは当然です。また表示義務が課せられないのですから法的にも全く問題がありません。

実際、ケイリクストのような米国のベンチャー企業は、レストラン・チェーン店の厨《ちゅう》房《ぼう》で使われる油やドレッシングの原料としてゲノム編集大豆を売り込むなど、やはり一般消費者の目からは「見えなく」して売っていこうとしています。

恐らく日本でも、そうなる可能性が高いでしょう。たとえばゲノム編集で肉量を増加させた魚などは、いわゆる「コスパ」を重視する回転寿司チェーン店などに安い価格で売り込んでいけば、それを買う側のチェーン店でも真剣に検討せざるを得ません。

もしも契約成立となれば、チェーン店側では「ゲノム編集魚」であることをあえて断ることなく客に出していくかもしれません。味は悪くないし、見た目も普通魚の肉と何ら違わない。それで寿司の値段が前より安くなれば、客も歓迎するでしょう。

しかし、このやり方は「ばれた」ときが怖いです。法的には問題がないのですから「ばれた」という表現は語弊があるかもしれませんが、少なくとも客には断らずに出しているからです。

ゲノム編集食品が日本でも市場に出回り始めたとなれば、テレビや新聞などもこぞって取材活動に力を入れますから、「どこそこの寿司店ではネタにゲノム編集魚を使ってるらしい」という噂《うわさ》は、すぐにメディアの取材網に引っ掛かってしまうでしょう。それが大々的に報道されたとき、知らずにゲノム編集魚の寿司を食べていた客に店側ではどう弁明すればいいのでしょうか？

「いや、別に隠していたわけじゃなくて、あえて断る必要もないと考えただけの話です」などと言い繕っても、火に油を注ぐようなものでしょう。

こうなるよりは、やはり最初から「これはゲノム編集食品です」と断った上で客に出すほうが賢明だと思います。

それは寿司店のような飲食業界だけでなく、スーパーやコンビニなど小売り業界でも同じです。たとえ表示義務はなくても「ゲノム編集食品」と明示して売るほうが、消費者の信頼を損ねる恐れはありません。そもそも厚労省など国側でも今後、きちんと表示を義務化すべきではないでしょうか。

その結果、どうなるか？　恐らく、ほとんど売れないと思います。客の大半は「ゲノム編集食品」とラベル付けされた商品を手にとり、物珍しそうにしげしげとながめた後、無言で商品棚にそれを戻すでしょう。

ですが逆に隠して売ったところで、そうした情報は遅かれ早かれ消費者の耳に入ってしまうものです。それよりは最初から「ゲノム編集食品」と断った上で少量発売し、そこから時間をかけて消費者の理解を求めながら、徐々に生産量を増やしていくのが正解ではないでしょうか。

新種の食品が受け入れられるまでには時間がかかる

そもそも一般消費者が目新しい食品に対して保守的になるのは、ＧＭＯやゲノム編集など現代の技術に限った話ではありません。それは今に始まったことではないのです。

たとえば、一六世紀中盤にスペイン人によって南米から欧州にもたらされたジャガイモです。それを輸送する運搬船の中で、芽が出たジャガイモを食べて食中毒になる人がいたため、ジャガイモは当時「悪魔の植物」と呼ばれ、欧州の人々に怖がられました。

実際、ジャガイモから出た芽には「ソラニン」と呼ばれる毒素が含まれています（ちなみに現代では、この毒素をゲノム編集で取り除く研究も世界的に進んでいます）。このため特にフランスでは、一七四八年にジャガイモの栽培を禁止するほどでした。

しかし、その後、ジャガイモの食材としての価値に気付いた一部の科学者が「たとえ芽が出ても、その部分を取り除いて食べれば安心」などとフランス政府を説得。これを受け入れた政府がジャガイモ禁止令を解除し、その安全宣言をしたのは一七七二年のことです。が、その後もジャガイモに対する人々の恐怖心は根強く残りました。

そこでジャガイモ推進派の科学者たちはパリの上流社会の人たちを招いた夕食会を催し、ここで腕の良い料理人に作らせた美味しいジャガイモ料理を振る舞うなど、さまざまな普及活動を試みました(6)。

こうした努力が報われ、ジャガイモがフランス料理に必須の食材となったのは一七九〇年代のことです。ジャガイモが欧州に持ち込まれてから、ゆうに二〇〇年以上の歳月を要したことになります。

ジャガイモという、たった一つの農産物に関するエピソードに過ぎませんが、これだけでも目新しい食材に対する人々の警戒心の強さ、また逆にそれを打ち破ろうとする科学者らの食料開発に対する執念が窺《うかが》えます。

規制当局の解釈には無理がある

そのような開発者魂は、現代の農科学者や食品メーカーにも脈々と受け継がれているはずです。

当初のゲノム編集食品に対する消費者の拒絶反応――これに直面した研究者やバイオ・メーカーなど提供者側はどう対応するでしょうか？　恐らく、是が非でも消費者が欲しがるようなゲノム編集食品を開発していくことになるでしょう。

たとえば「これを食べると健康的に痩せることができる」といった劇的な食品効果を科学的に立証したゲノム編集果物などを売り出せば、商品棚からあっという間に消えるようなヒット商品になるはずです。現代人の美容にかける情熱には並々ならぬものがありますが、脂肪吸引手術などに比べればゲノム編集食品のほうがよほど安全でしょう。

ただし、そのためには（これまでに開発されたゲノム編集食品のように）「農作物や魚のDNA上のわずか数個の遺伝子（塩基配列）を破壊する」程度の遺伝子操作では済まないでしょう。恐らく、もっと大量の塩基配列をゲノム編集で改変し、その過程で何らかの外来遺伝子を導入する必要に迫られるかもしれません。

となると結局は、従来のGMOと同様の、あるいはそれ以上の安全性検査が必要になってくるでしょう。

また、これまでGMOから距離を置き、通常の農作物を栽培してきた日本の農家にとっても、ゲノム編集作物からラベル表示義務が免除されてしまえば、自分たちの作物と区別がつかなくなってしまいます。それは畜産業や漁業などの分野でも同じです。

結果、彼らは「我々の栽培した農作物、育てた家畜、獲《と》った魚を、ゲノム編集食品（のような事実上のGMO）と一緒にするな！」と猛反発するかもしれません。

一方、「ゲノム編集食品はGMOではない」という、規制当局による解釈には、やはり無理があるような気がします。「GMO（Genetically Modified Organism）」を文字通り訳せば、「遺伝子工学的に改変された生物（農作物や魚、家畜）」ですから、この定義にゲノム編集食品はぴったり当てはまります。

よくバイオ科学者らの間では、「ゲノム編集作物は（外来遺伝子を含まないという点で）自然界における突然変異や伝統的な品種改良と同じだ」という見解が聞かれますが、それは私たち消費者の常識的な感覚からかけ離れているように思われます。

確かに、外来遺伝子を挿入することなく動植物のDNAに何らかの変更が加えられる点では、ゲノム編集も伝統的な品種改良も同じです。しかし今から一～二万年前に始まったとされる農耕の歴史において、選択育種や交配による品種改良を行ってきた私たちの祖先は、「DNA」や「遺伝子」などという概念は持ち合わせていませんでした。

彼らはただ、その年の収穫の中から特に味や食感が良く、収量の多かった株の種を翌年の種蒔《たねま》きのために残し、ときにはふと思い立って異なる品種を掛け合わせてみただけです。それは人間の手になる工作物というより、むしろ自然の為《な》せる技に人間が少しだけ手を貸したものと見るのが妥当でしょう。

そこから何十年、何百年、何千年という歳月をかけて、その食としての安全性が確かめられてきたのです。だからこそ我々はそれらの食物を今、安心して食べることができるのではないでしょうか。

これに対しゲノム編集食品では、科学者が動植物DNA上の狙った遺伝子をピンポイントで操作します。もちろんクリスパーのベースである「細菌の適応免疫機能」は自然界の仕組みですが、それをミクロ世界のツールに仕立て上げ、使いこなしているのは人間です。

つまり品種改良を行う主体が自然から人間へと移行し、すべては人間が計算ずくでやり遂げねばならないことになりました。しかも限られた期間で達成しなければなりません。これは自然界の突然変異や伝統的な品種改良とは明らかに異なるものです。

科学者やメーカーなど提供者側はそれを認め、きちんと断った上で、ゲノム編集食品を消費者に提供していかざるを得ないと思います。また消費者側でもそれを冷静に受け止め、正しく理解する必要性が出てくるでしょう。

特に水産物では、サンマやイワシ、サバなど、かつての大衆魚さえ最近は漁獲量が大幅に減少しています。魚のゲノム編集による肉量の増加など品種改良は、その対策の一環として考えられるでしょう。

今後の技術改良に伴い、オフターゲット効果のような安全性に関する諸問題が克服されるのは時間の問題です。それでもゲノム編集食品を退けるのか、あるいは伝統的な味覚を今後も楽しむために受け入れるのか。それを決めるのは政府ではなく私たち消費者です。

第四章　科学捜査と遺伝子ドライブ、そして不老長寿
――ゲノム技術は私たちの社会と生態系をどう変えるか

未解決事件にも寄与するDNAデータベース

かつて日本では強盗殺人のような凶悪犯でも、事件発生から一定期間逃げ切れば時効となり罪を問われませんでした。

しかし二〇一〇年には刑法・刑事訴訟法が改正され、殺人や強盗殺人など「法定刑の上限が死刑であるもの」については時効が廃止されました。以来、事件発生から、どれほど長い年月が経っても、犯人が見つかれば逮捕・起訴することが可能となりました。

しかし足元の状況を見れば、二〇一七年における殺人や強盗など凶悪犯罪の認知件数は

四八四〇件。そのうち検挙件数は四一九三件に止まり、差し引き六四七件が、少なくともその時点では未解決となっています（平成三〇年「警察白書」より）。近年、DNA鑑定など科学捜査は着実に進歩していますが、今後さらなる捜査技術の発達が待たれます。

こうした中、海外を見渡すと、特に米国では最近思いがけない方面から、いわゆる「コールド・ケース（迷宮入り事件）」を解決に導くための技術的ブレークスルーがもたらされました。

それは、第一章で紹介した「DTC（一般消費者向け遺伝子検査）」から得られた大規模なDNAデータベースを犯罪捜査に導入することです。

DNA家系図サイトとは

その端緒となったのは二〇一八年四月、カリフォルニア州で四〇年以上も未解決だった殺人や性犯罪事件（後述）が解決されたことです。

そこで使われたのが、「ジェドマッチ（GEDmatch）」と呼ばれるウェブ・サイト上のDNAデータベースです。[1]

ジェドマッチは数名のボランティアが運営するサイトですが、それ自体は（23andMeなどDTC業者が実施している）「ユーザーから提供された唾液を検査して、そこに含まれるDNA（塩基配列）を測定する」作業は行っていません。つまり一種のサード・パーティです。

ジェドマッチはDTC業者によって測定されたDNA（ゲノム）データを、その顧客である多数のユーザーから集め、これら大量のデータをコンピュータで改めて解析することにより、多数の家系図情報が相互に関係したデータベースを作成しています。

ユーザーは自ら提供したDNAデータと、ジェドマッチの家系図データベースを照合することで、自分がそのどこに位置しているかを知ることができます。つまりユーザーの「親族」や「ルーツ」探しを主な目的とするボランティア・サイトです。

米国ではDTC業者が、ユーザーの唾液から測定したDNAデータの所有権は基本的にユーザーにあるので、それをどう扱うかはユーザーの自由に任されます。

そしてユーザーの多くが、自らのDNAデータを進んでジェドマッチに提供しています。その目的は、自らの家系図情報（先祖・親族情報）を、より広く、深く知ることにあります。

もちろん23andMeなどDTC業者も、ユーザーにそうした情報を提供しています（第一章参照）。しかし各業者のユーザーから見れば、自分のDNAデータをジェドマッチにも提供すれば、他の業者から提供されたDNAデータと組み合わせて見ることができます。

これにより、特定のDTC業者のサービスだけでは見つけることができなかった血縁関係や先祖なども、ジェドマッチを利用すれば探し当てられる可能性が高まるのです。

一年間で六〇件以上の迷宮入り事件を解決

このジェドマッチに目を付けたのがカリフォルニア州の警察です。

同州では一九七六年から一九八六年にかけて、同一犯によって少なくとも五〇人の女性が性的暴行を受け、それに伴い一二人の男女が殺害されるという凶悪な連続事件が発生。その過程で、カリフォルニア州の別名に由来する「ゴールデン・ステイト・キラー（黄金州の殺人犯）」と呼ばれるようになりました。

この事件では、警察がいくら捜査しても犯人は逮捕できず、同様の犯罪が繰り返されていきました。その犯行の手口は残忍であると同時に、ある種水際立っていました。また途中から警察の捜査情報が犯人に漏れている節が見受けられるようになりました。

このため、捜査に当たった警官らの間では「犯人は、自分たちと同じ警官ではないか」という暗い疑念が生まれました。その後も事件は解決の糸口が見えず、いつしか迷宮入りとなったのです。

しかし、その捜査が打ち切られることはありませんでした。米国に時効制度は存在しますが、連邦法により「死刑に当たる重罪」には時効が適用されないからです。

それでも事件発生から四〇年以上が経ち、当初から捜査に当たってきた警官らもすっかり年をとって次々と退職していきました。誰もが諦めかけた二〇一七年末、ある警官が「民間の遺伝子検査サービス（DTC）を、この事件の捜査に導入してはどうか？」と提案しました。

ただし警察がDTCのDNAデータベースにアクセスしようとする場合には、捜査令状が必要です。またDTCの代表とも言える23andMeは、それまで何度か、今回の事件とは別に警察から捜査協力を要請されたことがありますが、いずれもそれを断っていました。

これに対しジェドマッチでは、23andMeのような業者ほど厳格なデータ管理体制を敷いているわけではありません。

それでも念のため州警察が、法医学コンサルティング会社を介してジェドマッチの管理者に問い合わせたところ、返ってきたのは「警察に利用許可を与えることはできないが、かといって警察が捜査に利用することを止めることもできない」という曖昧な答えでした。「それならOKという意味だろう」と判断し、警官らはジェドマッチのユーザー・アカウントを作って、過去の事件現場から採取された中で、最も保存状態の良かった犯人のDNAサンプルの測定データを登録しました。これをジェドマッチの家系図データベースと照合することで、一八〇〇年代に生存していた、犯人の五代前に当たる先祖にたどり着きました。

ここから警官たちは家系図専門家の助けを借りながら、この先祖を始まりとする多数の子孫たちを虱潰《しらみつぶ》しに探索していきました。その過程で過去の新聞記事、国勢調査、住民の死亡記録など、多種多様なデータと照合しながら候補を絞り込み、ついに二〇一八年四月、容疑者とその現住所を突き止めることに成功したのです。

この容疑者は「ジョセフ・ディアンジェロ」という七二歳の男で、事件の捜査に当たった警官らが睨《にら》んだ通り、かつてはカリフォルニア州の警官でした。

ディアンジェロ容疑者の自宅近くに張り込んだ警官らは、彼が出した生活ゴミの中から、その体液（恐らく唾液）を採取。これをＤＮＡ鑑定したところ、「黄金州の殺人犯」のＤＮＡサンプルにピタリと一致。同年四月末に、ディアンジェロ容疑者は逮捕されました。

これを契機にカリフォルニアやフロリダなど各州の警察は、同様の捜査手法で過去の迷宮入り事件を次々と解決。その数は二〇一九年四月までに六〇件以上に達しました(2)。

そのうちの一件に関する裁判の判決が早くも下されました。

一九八七年に米ワシントン州で発生し、その後迷宮入りしていた性的暴行・殺人事件が、警察によるジェドマッチを利用した捜査手法で解決しました。逮捕されたウィリアム・タルボット容疑者に対し、この裁判の陪審員が二〇一九年六月に有罪判決を下したのです。

これにより民間業者の遺伝子検査に基づくＤＮＡデータベースを、捜査手法として使うことが法的に認められたといえます。

また、同判決が下される前から、すでに米国の警察やＦＢＩ（連邦捜査局）はこの捜査手法に特化した専門部署を新設するなど意欲的です。

中国で構築される国民DNAデータベース

他方、ジェドマッチのような一般人のDNAデータベースを警察の捜査に導入することは、ユーザーのプライバシーを侵害する恐れもあります。

もっともジェドマッチの運営責任者によれば、「黄金州の殺人犯」の逮捕がメディアで報じられたとき、同サイトのユーザーからはプライバシー侵害を非難するよりも、むしろ事件を解決に導いたことを称賛するメールが押し寄せたそうです。

しかし今回はたまたま、容疑者が逮捕されたから良かったですが、逆に空振りに終わっていたとしたらどうでしょう？　その場合には、恐らくカリフォルニア州警察は本件を公にしなかったでしょうが、仮にそれが外部に漏れてメディアが報じていたとしたら、この捜査手法には厳しい非難が浴びせられた可能性もあります。

実際、米国以外の国々では、過去に一般人のDNAデータを犯罪やテロ事件などの捜査に導入しようとする試みがありましたが、世論の抵抗に遭っています。

たとえば中東のクウェートでは二〇一五年、モスクの金曜礼拝中に起きた自爆テロ事件で多数の死傷者を出した後、治安強化策として国民約一三〇万人と在留外国人二九〇万人の計四二〇万人から採取したDNAサンプルをデータベース化し、これを警察の捜査に導入するための法制化が図られました。

仮に法律が成立した場合、DNAサンプルの提出を拒否する国民には、最高で禁固一年と、米ドル換算で三万三〇〇〇ドルの罰金が科せられることになるはずでした。

しかし法制化の動きがメディアで報じられると国民の大反対を招き、政府はこの案を引っ込めざるを得ませんでした。つまりクウェートでは一般国民のDNAデータベースは実現しなかったのです。

これに対し中国では今、政府主導で一般国民のDNAデータベースが着々と構築されつつあります。

米「ウォール・ストリート・ジャーナル」紙の報道によれば、中国の四川省・犍為県《けんい》やイスラム系住民の多い寧夏回族《ねいかかいぞく》自治区、あるいは経済特区の深圳市や北朝鮮との国境近くにある白山市《はくさん》など各地で、警察が住民の唾液や血液などから強引ともいえる方法でDNAを採取しています。(3)

その多くは、地元高校の教室に警察の関係者が突如訪れ、理由も言わずに生徒のDNAを採取したり、出稼ぎ労働者らがたむろしている広場で同様のDNA採取が行われるなど、人権侵害のケースが目立つといいます。

これを中国の一部メディアが報じると国民の間で反発の感情が高まりましたが、中国政府は有無を言わさず計画を前進させ、二〇二〇年までに一億人分のDNAデータを集める予定とされます。

これについて米カリフォルニア大学バークレイ校で教鞭《きょうべん》をとる中国系の客員教授は「中国共産党は国民のDNAデータと（今、中国全土に展開中の）顔認識システムを組み合わせて、中国全土をカバーするデジタル全体主義国家を建設するつもりだ」と見ています。

また、中国北西部に位置する新疆《しんきょう》ウイグル自治区では最近、中国政府がウイグル（イスラム系）住民を「再教育施設」と呼ばれる事実上の強制収容施設に連行し、長期間拘留することが国際的な非難を浴びています。

中国政府が現在構築を進めている「DNAデータベース」や「顔認識による監視システム」は、そうした抑圧体制を支える主要ツールになると見られています。

対岸の火事ではない

以上は諸外国の話ですが、これと同じようなことは、いずれ日本でも問題になってくるかもしれません。

第一章でも紹介したように、日本にも民間の遺伝子検査サービス（ＤＴＣ）は数多く存在します。近い将来、日本の警察が米カリフォルニア警察のように遺伝子検査に基づくＤＮＡデータベースにアクセスしようとした場合、業者あるいはボランティア・サイトなどが、これにどう対応するかは現時点で予想できません。

ちなみに、第一章に登場したＤｅＮＡライフサイエンスの砂田氏によれば、これまで警察から捜査協力を依頼されたことは一度もないとのことです。また現在の日本の法律では、米国で実施されたような一般ユーザーのＤＮＡデータを犯罪捜査に応用することはできないため、仮にそれをやろうとすれば法律の改正が必要となります。

しかし彼ら民間業者に頼らなくても済む時代が近づいています。それはＤＮＡ（ゲノム）測定技術の急速な進歩と、それによるコスト低下のおかげです。

現在、民間の遺伝子検査サービスでは、約三二億文字（塩基）にも及ぶヒトゲノム全体のごく一部（五〇万〜一〇〇万文字程度）しか測定していません。

もちろん、こうした遺伝子検査の科学的根拠となるGWASはゲノム全体を網羅する調査手法ですが、DTC自体はあらかじめ狙いを定めた一部の遺伝子しか見ていないのです。それでも、特定の遺伝性疾患や生活習慣病のリスク、あるいは親族・先祖関係などは、かなりの程度まで割り出すことができるからです。

これに対しヒトゲノム全体を測定する技術は「DNAシーケンシング」と呼ばれ、現時点で最新のシーケンス装置を使えば、数日の時間と約一〇〇〇ドル（一〇〜一一万円）の費用で、一人の人間のDNAを丸ごと測定できます。

当然、現在の遺伝子検査サービスのような部分的なDNAデータよりも、全体的なデータを使ったほうが各種病気の発症リスク判定などは正確になります。

コストが下がれば公共サービス化も

このDNAシーケンシングに要する費用は近年、急激なペースで下落しています。

かつて一九九〇年代に、第一章でも紹介した「ヒトゲノム計画」が実施されたときには、最終的にヒト一人のゲノム（約三二億文字）を全部測定するまでに約一三年の歳月と約三〇億ドル（三三〇〇億円以上）もの巨費が投じられました。

この巨額コストが、DNAシーケンシング技術の飛躍的進歩により、現在は約一〇〇〇ドルまで下落しました。今のペースで行けば数年後には数十ドル（数千円）にまで下がると見られています。またDNAシーケンシングに要する時間も、費用と同様、大幅に短縮されるでしょう。

となると、いずれは市町村区のような自治体が住民の定期健康診断の一環として、DNAシーケンシング技術による遺伝子検査サービスを提供することが、少なくとも技術的には可能になるはずです。

もちろん自治体のような地方政府が、国民に遺伝子検査を強制することは考えにくいので、今後の「がんゲノム医療（患者のDNAデータに基づく新たな投薬・治療法）」などの普及と相まって、「念のため遺伝子検査を受けておいたほうがいいですよ」と住民に推奨するような形になるかもしれません。

このように政府主導で構築された国民DNAデータベースは、前述のジェドマッチのような家系図データベースとしても使うことができるはずです。これを日本の警察が、カリフォルニア州警察のように、犯罪捜査に利用したいと言ってきたとき、行政はこの要請にどう対応するのでしょうか？

もちろん実際には、警察からの個別の要請にいちいち対処するというより、それ以前の法制化の段階で対応は決まってしまうでしょう。

いずれにせよ、これは容易な選択ではありません。国民の多くは、遺伝子検査に基づくDNAデータベースを警察捜査に転用することを、究極のプライバシー侵害と見るかもしれません。また仮に、自分の親族が犯罪を犯した場合、自分が提供したDNAデータによって、この犯人（親族）の逮捕に結びつく場合もあるでしょう。

しかし「強盗殺人のような凶悪犯罪に限って、警察が国民のDNAデータベースを利用する許可が下りる」といった法制度にすれば、正義の履行や市民生活の安全などを優先する姿勢から、これに賛成する有権者も少なくないかもしれません。

そう遠くない将来、こうした事態は実際に起こり得ると思われます。今から対応を考えておいても、早過ぎることはないでしょう。

ゲノム編集が地球生態系を変える

ここまでDNAデータベースによる科学捜査など、ゲノム技術が私たちの社会をどう変えるかを見てきました。ここからは、よりスケールの大きな枠組み、つまり私たちを取り巻く環境や生態系にまで視野を広げて、そのインパクトを考えていきたいと思います。

このように遠大なテーマを扱うに際して、逆に卑近で少々気味の悪い話から語り始めて恐縮ですが、これに関して、ふと思い出したのは昔使ったことのあるゴキブリ駆除剤のことです。

筆者はかつてニューヨークに何年か暮らしていたことがありますが、当時住んでいた老朽アパートにはゴキブリがよく出てきて閉口しました。このころ勤めていた会社の同僚に愚痴をこぼしたところ、「ゴキブリならコンバットを使えばすぐに退治できるよ」と教えられました。

このコンバットはもともと、ある米国メーカーが開発したゴキブリ駆除製品ですが、日本でも大日本除虫菊株式会社（ＫＩＮＣＨＯ）が輸入販売しています。

この製品を日本でお使いになった方ならお分かりになると思いますが、米国と日本では住環境を改善するための「考え方」というか「アプローチの仕方」が根本的に違うものだな、と感心させられました。

通常、日本で開発・商品化されているゴキブリ駆除剤は、たとえば「殺虫スプレー」型や「粘着シート」型のように、今、目の前に現れたゴキブリ、あるいは夜中に部屋に現れた個体を殺すだけで終わりです。

これに対し、コンバットでは「トラップ（仕掛け罠《わな》）」型の装置内にあらかじめ用意された毒をゴキブリに食わせるのですが、この毒を食べてもゴキブリはすぐには死にません。それどころか元気にトラップを出て、部屋壁の隙間や床下、屋根裏などにある自分の巣へと帰って行くのです。

そして巣にたどり着いてから間もなく、毒が効いてきたゴキブリは死にます。ゴキブリには共食いの性質があるので、この死体に大量のゴキブリが群がって食べます。すると、各々の個体にもやはり毒が効いてきて一斉に死にます。

この後については容易に想像がつくと思いますが、このようなサイクルを何度も繰り返すことで、いわゆるネズミ算式にゴキブリがどんどん死んでいって、最終的には部屋壁や床下、キッチンなどの見えない場所に生息しているゴキブリが全滅します。

筆者はこのコンバットをせいぜい半年に一回買って室内に何個か置いただけで、部屋にゴキブリを全く見かけなくなり助かりました。

なぜ、こんな話をここで持ち出したかというと、欧米の科学者たちが今ちょうど、このコンバットを思い起こさせるような方式で、単なるアパートのような規模の住環境をはるかに超える、地球生態系を変えるかもしれない研究を進めているからです。

それは「遺伝子ドライブ」と呼ばれる一種SF的なバイオ技術です。

二〇一八年、英インペリアル・カレッジ・ロンドンの研究チームは、マラリアの感染源となる「蚊」に遺伝子ドライブを適用し、実験室という閉じた環境の中で、その個体群を事実上、全滅させることに成功。この研究成果を英「ネイチャー・バイオテクノロジー」誌に発表しました(4)。

マラリアはアフリカを中心に熱帯や亜熱帯地域で広がる原虫性の感染症で、高熱や頭痛、吐き気などの症状を呈し、重症化すると死に至ります。世界全体で年間二億人以上がマラリアに感染し、そのうち四四万人以上が死亡していると言われます。

こうした中、世界的な慈善団体ビル＆メリンダ・ゲイツ財団の財政支援を得て、遺伝子ドライブを組み込んだ蚊をアフリカ大陸に放ち、マラリアを撲滅する計画が着々と進んでいます。

が、食物連鎖をはじめ生態系のネットワークに深く組み込まれた蚊などの昆虫に遺伝子ドライブを施すことは、地球環境に不可逆の悪影響を及ぼす危険性もあることから、拙速な実用化を懸念する声も聞かれます。

遺伝子ドライブとは何か？

そもそも「遺伝子ドライブ（gene drive）」とは、ある遺伝子を特定種の個体群全体へと速やかに（ネズミ算式に）広めるための遺伝子操作技術です。

そう言われても今一つピンと来ないかもしれませんが、要するに遺伝子ドライブの主な目的は、マラリアやデング熱、ジカ熱などの深刻な感染症を撲滅することです。

このために何らかの特殊な遺伝子、たとえばオスあるいはメスの繁殖能力を破壊する不妊遺伝子を、蚊など特定生物のＤＮＡに組み込み、これを野に放つことによって、その個体群全体へと遺伝子を拡散させます。

これにより感染症の媒介となる個体群がやがて全滅し、感染症は撲滅されることになります。必ずしも、このやり方とは限りませんが、こうした類いの技術が、一般に遺伝子ドライブと呼ばれています。

つい数年前まで、遺伝子ドライブは理論的な可能性に留《とど》まり、野生環境で実用化されたことは一度もありませんでした。

遺伝子ドライブの基本的な原理は、二〇〇三年に、前述のインペリアル・カレッジ・ロンドンの進化遺伝学者オースティン・バート教授らによって提唱されました。が、それを実現するための具体的な技術が当時はまだ存在しなかったため、概念レベルの存在に留まっていたのです。

ところが二〇一二年、第三世代のゲノム編集技術「クリスパー（・キャス９）」が登場すると状況は一変します。

当時、米ハーバード大学で研究活動をしていた遺伝学者ケビン・エスベルト博士（現在はＭＩＴ助教）が、クリスパーを使えば遺伝子ドライブのアイディアを実際に技術化できることに気付き、これを提案しました。それは以下のような仕組みです。

まず前提として、蚊や蠅《はえ》のような下等生物から私たち人間のような高等生物まで、有性生殖をする生物に備わっている通常の遺伝子は、父親由来の遺伝子と母親由来の遺伝子が半々（五〇パーセント対五〇パーセント）の確率で子孫へと伝わっていきます。

これに対しクリスパーを使えば、ＤＮＡを切断するキャス９の力を借りて、父親ないしは母親由来の遺伝子のいずれかが対立する相手（対立遺伝子＝Allele）を切断・破壊し、そこに自分自身をコピーすることができます。

この内部に「積荷（Cargo）」として何らかの外来遺伝子を装塡してやれば、それは一〇〇パーセントの確率で子孫へと伝わっていきます。このため最終的には特定種の個体群全体へと、外来遺伝子を広めることができるのです。

以上がクリスパーによるゲノム編集を使った遺伝子ドライブの仕組みです。

遺伝子ドライブの障害は突然変異

この基本原理に基づいて、その後、実際に遺伝子ドライブの技術が一部の大学などで開発されました。

その際、クリスパーの「積荷」として、どのような外来遺伝子を装塡するかに応じて、感染症を撲滅する遺伝子ドライブの方式は異なってきます。

まず二〇一五年に米カリフォルニア大学サンディエゴ校と同アーバイン校が共同開発した遺伝子ドライブでは、この積荷として「マラリアの病原体であるマラリア原虫への抵抗力を備えた遺伝子」を選びました。この遺伝子を自らのＤＮＡに組み込まれた蚊は、たとえ人間に接触して、その血を吸っても、吸われた人間がマラリアに感染することはありません。

つまり、彼らのやり方では、「感染症（マラリア）の媒介となる蚊を全滅させる」のではなく、「感染症を媒介しない蚊を繁殖させる」ことによって、感染症を撲滅しようとしたわけです。これも遺伝子ドライブを実現する上で、一つのやり方です。

が、この方式はその後、壁にぶち当たりました。それはクリスパーでゲノム編集された遺伝子が世代交代を重ねる途中で突然変異を起こし、以降は対立遺伝子を破壊して、そこに自身をコピーする能力を失ってしまうことが分かったからです。

つまり、クリスパーの積荷として外来遺伝子を組み込まれた蚊が個体群を制覇する前に、この外来遺伝子を次世代へと伝搬する能力が損なわれてしまうことを意味します。これでは遺伝子ドライブは成立しません。

遺伝子ドライブを実験室で証明

そこで、前述のインペリアル・カレッジ・ロンドンの研究チームは、それとは違う方式の遺伝子ドライブを開発することにしました。

彼らは、マラリアを媒介する「ガンビア・ハマダラ蚊」のＤＮＡ上に存在する「ダブルセックス」と呼ばれる遺伝子に着目しました。これは蚊が性発達を遂げる上で決定的な役割を担う遺伝子ですが、突然変異を起こしにくいことでも知られています。

研究チームは今回、このダブルセックス遺伝子をクリスパーでゲノム編集することにより、極めて特殊な人工遺伝子を作り出しました。

この人工遺伝子は、蚊のメスにだけ作用するよう設計されています。なぜなら、もともとガンビア・ハマダラ蚊はメスだけが人間の血を吸うことにより、マラリアを感染させるからです。他方、オスの蚊は人間の血を吸わないので感染源とはなり得ません。

この人工遺伝子を自らのDNAに組み込まれたメスの蚊は、繁殖能力を奪われると同時に、口吻部《こうふんぶ》が変形するため人間の血を吸うこともできなくなります（つまりマラリアの媒介能力を失うことになります）。

他方、同様の措置を施されたオスの蚊は、自身の体質には何ら変化を生じることなく、野生のメスと交尾することにより、この人工遺伝子（不妊遺伝子）をガンビア・ハマダラ蚊の個体群全体へと拡散する役割を担います。

この人工遺伝子はダブルセックス遺伝子を基に作られているので、世代交代の途中で突然変異を起こし、自らのコピー・伝搬能力を失う可能性は極めて少ないと言えます。これにより、最終的には個体群のメスすべてが繁殖能力を失うはずです。

実際、研究室内で行われた実験では、ごく少数のガンビア・ハマダラ蚊をゲノム編集してから個体群に入れると、それから七世代から一一世代をかけて個体群全体へと人工遺伝子が伝搬したことが確認されました。結果、以降の子孫は生まれないことになりますから、事実上の個体群全滅です。

つまりインペリアル・カレッジ・ロンドンの研究チームは、これまで理論的に可能と見られてきた遺伝子ドライブを、研究室内における実験とはいえ、初めて技術的に実現したことになるのです。

アフリカで進行するマラリア撲滅計画

彼らの取り組みはまた、「ターゲット・マラリア」という国際プロジェクトの一環でもあります。

ターゲット・マラリアは欧米やアフリカの科学者らが結成した非営利組織で、ビル&メリンダ・ゲイツ財団から約七〇〇〇万ドル（七〇億円以上）の資金を得てマラリア撲滅活動を展開しています。

これまで、アフリカ諸国などの地元政府によるマラリア対策は、住民居住区での殺虫剤散布や蚊帳の支給、さらには「ボウフラ駆除のために、汚れた水溜《みずたま》りを除去する」といった公衆衛生策などに頼ってきました。

が、これら伝統的なマラリア対策は「焼け石に水」でした。特に近年、マラリアを伝染させるガンビア・ハマダラ蚊などが殺虫剤への耐性を持ち始めてからは、事態はむしろ悪化していると言われます。

今回、インペリアル・カレッジ・ロンドンが開発した遺伝子ドライブ技術は、こうした状況を一変させることが期待されています。が、ようやく完成した同技術を実用化するには、マラリアに苦しむ地域の住民、地元政府、さらには国の中央政府からの合意・承認を得る必要があります。

このためにターゲット・マラリアの科学者らは現在、アフリカ大陸の西部に位置する国ブルキナファソの小村「バナ」で、遺伝子ドライブに対する地元住民の理解を得るためのアウトリーチ活動と、数年後に迫った技術の実用化に向けた調査活動を展開しています。

すなわち「遺伝子ドライブやゲノム編集など遺伝子操作とはどのような技術であるか」、あるいは「マラリアのような感染症を撲滅するために、なぜあえて感染源の蚊を野に放つ必要があるのか」などさまざまな事柄を地域住民に説明する一方で、ガンビア・ハマダラ蚊の季節ごとの個体数増減や移動パターンの変化などを調査しています。

これまでのところバナ村民の反応は極めて好意的です。彼らは長年マラリアに苦しんできたので、どんな手段を使うにせよ、マラリアを撲滅できるのであれば諸手《もろて》を挙げて歓迎しているのです。

が、一説によれば、村民が日常使用している、この地域の伝統的言語には「遺伝子」という語彙が存在しないとされます。(5) 彼らがどの程度まで遺伝子ドライブのような先端バイオ技術、さらにはその潜在的脅威を理解しているかは不明です。

前述のように、遺伝子ドライブには「感染症を撲滅する」といった絶大なプラス効果の一方で、生態系に不可逆の悪影響を与える危険性も指摘されています。食物連鎖の末端に位置する蚊がいなくなってしまえば、その上位にある爬虫類や鳥類などさまざまな動物の生息条件が脅かされる恐れがあります。

あるいはガンビア・ハマダラ蚊に組み込まれた人工遺伝子が、万一他の種族、たとえばミツバチのＤＮＡに誤って組み込まれてしまえば、養蜂家の暮らしや私たちの食生活のみならず、蜂を取り巻く生態系にも取り返しのつかない事態を引き起こしてしまうでしょう。

もちろん遺伝子ドライブの技術開発に当たる科学者らは、それらの事態は起きないと見ています。彼ら専門家によれば、野生の蚊には三〇〇〇種類以上もの種族が存在し、そのうちの一種類に過ぎないガンビア・ハマダラ蚊がいなくなったところで食物連鎖を破壊する可能性は極めて小さいといいます。

また私たちが常識的に考えても、蚊とミツバチが交尾することはあり得ません。しかし「自然界では何が起きるか分からない」というのも、また事実です。たとえば何らかのウイルスを媒介にして、種の壁を越えて遺伝子が移動することも、必ずしもないとは言い切れないでしょう。

このためターゲット・マラリアでは、いきなり遺伝子ドライブのように過激で不可逆的なバイオ技術を実施するのではなく、その準備として、より保守的な遺伝子操作を施したガンビア・ハマダラ蚊を野に放つことで、一種の野外実験を行い、その様子を見てから遺伝子ドライブを実行に移す計画です。

二〇一九年七月に開始されたこの野外実験では、遺伝子操作によって繁殖能力を奪われたオスの蚊一万匹（交尾は可能）をバナ村で野に放ちました。ただし、これらの蚊に組み込まれた人工遺伝子は、遺伝子ドライブとは異なり自己コピー・伝搬能力を持たないので、一世代限りで打ち止めとなります。結果、バナ村におけるガンビア・ハマダラ蚊の個体数は若干減少するものの、すぐに元に戻ります。

この保守的な実験によって、「ガンビア・ハマダラ蚊の減少が生態系の食物連鎖にどんな影響を与えるか」などが判明します。それで生態系への悪影響が検知されなければ、二〇二四年から二〇二六年の間にアフリカのこの地で世界初の遺伝子ドライブが実施される予定です。

不老長寿とゲノム科学

さて、本書ではここまで、ゲノムに関する最新事情とさまざまなエピソードを見てきました。

私たち人間のみならず、あらゆる生物と生命現象の根幹に鎮座する神秘の遺伝情報ゲノム。それは私たちの性格、能力、外見、あるいは病気や血縁関係など極めて私的な事柄から、最近では刑事事件における科学捜査のような社会的現象、さらには遺伝子ドライブのように生態系を変える壮大な取り組みに至るまで、無限の広がりと奥深さを備えた究極のバイオ・データであることがご理解頂けたかと思います。

最後に、私たち人類にとって永遠のテーマである「不老長寿」、つまり私たちの寿命にゲノムがどう関係し、この寿命を少しでも伸ばすために今、どんな研究が進められているのか。これらを概観して本書を締めくくりたいと思います。

不老長寿は現時点では途方もない夢かもしれませんが、少なくとも「人類の寿命は、まだ上限に達していない」とする研究成果が、二〇一八年に米「サイエンス」誌に発表されました。[6]

この調査を実施したのはイタリアのローマ・ラ・サピエンツァ大学をはじめ、デンマーク、ドイツ、米国の四か国の共同研究チーム。彼らはイタリア国民のうち、二〇〇九年から二〇一五年の間に一〇五歳に達した長寿者三八三六人のデータを分析することで、長寿者の死亡率を年齢別に算出しました。

それによれば、通常、人間の死亡率は年齢が増すほど上昇するはずですが、一〇五歳を超えると死亡率がむしろ低下傾向になります。つまり人間は一〇六歳になると、一〇五歳のときより、若干、生存率が高まるというのです。

同研究チームのリーダーは、米「ニューヨーク・タイムズ」紙に掲載された記事の中で「人間の寿命に生物学的な上限があるとしても、人類は（現時点で）、その上限にまだ達していない」と語っています。(7)

これまでは「一一五歳」上限説

これは従来の定説を覆す研究成果です。

これまでの長寿世界記録は、一九九七年に死亡したフランス人女性ジャンヌ・ルイーズ・カルマンさんの一二二年と一六四日。が、この記録は科学者らの間で一種の「統計的異常値」と位置付けられており、本来の生物学的な寿命の上限は一二二歳よりも低いと見られていました。

たとえば二〇一六年に英「ネイチャー」誌に発表された論文では、人間の寿命の上限を一一五歳と推定しています。(8) この調査を実施した米アルバート・アインシュタイン医科大学の研究チームは「国際長寿データベース」などに残されている、フランス、日本、米国、英国などの長寿記録を検索しました。

これらのデータから研究チームは「人間の長寿記録は一九七〇年代から九〇年代序盤にかけて順調に上昇したが、九〇年代中盤に一一五歳に達したところでほぼ上限に達した」と結論付けました。

しかし彼らが導き出した結論には、他の研究者からいくつか問題点が指摘されました。一つは「国際長寿データベース」などに残された長寿記録の信頼性です。どんな国でも一〇〇歳を超えるような長寿者では、ときに本人でさえ自分の実年齢を正確に記憶していません。また長寿者の周囲に生きていた人たちもすでに亡くなっているので、その年齢を客観的に裏付けるデータも乏しいのです。

そこで今回、四か国・共同研究チームは、イタリア国内で正確な出生証明書が残されている長寿者だけに限ってデータを集めることにしました。これら三八三六人の長寿者データを分析することによって、前述の「人間は一〇五歳を超えると、死亡率が若干低下する傾向にある」との結論を導き出したのです。

もっとも「一〇五歳を超えると死亡率が低下する」とは言っても、一〇五歳の死亡率はすでに十分高いので、それより死亡率が若干低下（つまり生存率が若干上昇）したとしても、この長寿者は一〇六歳以降、いつ亡くなってもおかしくありません。ただし、それが実際いつになるかは誰にも分かりません。

つまり今回の調査結果は「一〇五歳を超えるような長寿者は永遠に生きられる可能性がある」という意味ではなく、「少なくとも現時点では人間の寿命の上限を確定することはできない」ということです。

シリコンバレーの不老長寿ビジネス

二〇一六年の研究成果に対して指摘された別の問題点は、過去の長寿記録だけを分析対象に選んだため、人類の長寿化を促す今後のバイオ技術の進歩を計算に入れていなかったことです。

米シリコンバレーでは近年、不老長寿を目指す研究開発に総額数十億ドル（数千億円）もの巨額投資が注《つ》ぎ込まれています。これまでITビジネスなどで巨万の富を蓄えた企業家や投資家らは、その富を使って今度は永遠の若さを手に入れようとしているようです。

不老長寿ビジネスを手掛ける主な企業としては、グーグルの親会社、アルファベット傘下の「カリコ」、老化学者のオーブリー・デグレイ博士らが設立した「SENS研究財団」、あるいは、国際プロジェクト「ヒトゲノム計画」と競争して二〇〇〇年にヒトゲノムを民間企業として測定したことで知られるクレッグ・ベンター博士らが創設した「ヒューマン・ロンジビティ」などがよく知られています。

ただし、これらのベンチャー企業は必ずしも目覚ましい成果を上げているわけではありません。カリコは事実上、グーグルが手掛ける長寿ビジネスとして注目されましたが、少なくとも今までのところは平均寿命を本当に伸ばすような技術開発は成し遂げていません。

またSENS研究財団のデグレイ博士はエキセントリックな人物として知られ、彼が提唱するミトコンドリア治療法は正統派の生物学者らから見れば異端であり、現実的な老化予防法とはなり得ないとする見方が優勢です(9)。

さらにベンター博士のヒューマン・ロンジビティは、当初五億ドル（五〇〇億円以上）もの巨額投資を集めることに成功しましたが、その後は期待していた大手製薬会社との提携ビジネスが暗礁に乗り上げ、二〇一八年末には同社株の時価総額が八〇パーセントも下落するなど苦戦しています。またベンター博士も同社経営者の座を降りました。

不老長寿は理念としてはシンプルで魅力的ですが、いざビジネス化しようとすると現実的な障害が立ち塞がります。

そこで中心的な役割を果たすであろう医療・製薬業界などは、これまで病気を治す技術や薬を提供することでお金を儲《もう》けてきたわけですから、逆に、不老長寿が実現して誰もが健康で長生きするようになれば、従来のビジネス・モデルが崩れてしまう恐れがあるからです。また、米FDA（食品医薬品局）も、「長寿ビジネスは医療には当たらない」との理由から「保険の適用外」と定めています。

ゲノム編集で若返りに挑戦

さらに技術的にも、不老長寿は当初思い描いていたほど、容易ではないことが分かってきました。

一九九〇年代、米国の科学者が、線虫の一種である「C.エレガンス」に対して行った実験では、たった一個の遺伝子を改変するだけで、その寿命が一・三～二・四倍にも伸びることが発見されました。これによって不老長寿、つまり寿命の研究は一気に沸き立ちました。

しかしC.エレガンスの身体がわずか九五九個の細胞から作られているのに対し、私たち人間の身体は、諸説ありますが、最近の研究によれば、約三七兆個もの細胞で構成されています。つまり生物学的な複雑さが全然違うので、線虫の研究成果をそのまま人間に応用することなど、実際には不可能でした。

また同じく一九九〇年代には「長生き遺伝子」とも呼ばれる七種類の「サーチュイン遺伝子」が発見されました。しかし、それによる寿命延長効果は酵母や線虫、ショウジョウバエなどでは報告されていますが、人間ではまだ確かめられていません。

あるいは染色体の末端に位置し、DNAを保護するキャップのような役割を果たす「テロメア」にも寿命を延ばす効果があると言われます。これに関する理論ではテロメアの長いほうが寿命も長くなるはずですが、マウスなどを使った動物実験では「テロメアの長いほうが逆に寿命が短い」という、ちぐはぐな実験結果も報告されるなど、一筋縄では行きそうにありません。

最近の研究では、特に私たち人間については何かこれといった遺伝子や化学物質が寿命を大きく左右しているというより、数百個にも上る遺伝子が、個々の寄与度は小さいものの総合的に寿命に影響を与えているとする説が有力です。

そうした中、米ハーバード大学・医学大学院のジョージ・チャーチ教授は、クリスパーを使って、これら寿命に関わる多数の遺伝子をゲノム編集し、人間を若返らせるという野望を公言しています。すでに同教授は一つの細胞に対して、一度に一万三千個以上の遺伝子をゲノム編集することに成功しました。

チャーチ教授は二〇一三年、クリスパー発明者の一人フェン・チャン博士らの研究チームと並び、クリスパーでヒト細胞内のＤＮＡをゲノム編集することに世界で初めて成功するなど、この技術の第一人者として知られます。

二〇一八年、教授はまず犬の若返りを実現するための研究計画を発表。ここで培われた技術と経験をいずれは人間にも応用して「二二歳の肉体年齢と一三〇年の人生経験を兼ね備えた人間を誕生させる」と抱負を語り、この実験の被験者第一号には自分自身がなると宣言しています。

科学の力で生態系を蘇《よみがえ》らせる？

チャーチ教授はまた、シベリアの永久凍土から発掘されたマンモスの遺骸に残されたDNAを参考に、クリスパーでアジア象をゲノム編集してマンモスにする計画も明らかにしています。つまり私たちの生きる現代世界にマンモスを蘇らせるというのです。

前述の現実離れした若返り計画といい、このマンモス復活計画といい、「この人は一体どこまで本気でこんなことを言っているのか？」と訝《いぶか》しく思われる方も多いかと思います。しかし、これらの取り組みが世間の耳目を集めることは間違いありません。チャーチ教授は当然、それを前提にこうしたプロジェクトを次々と立ちあげているのでしょう。

教授のような人たちは単なる科学者というより、本人がそれを意識しているか否かはさておき、一種のビジョナリー（予言者）あるいは社会活動家のような役割を担っていると思われます。つまり科学という自らの得意分野を使って、これからの社会が進む方向性や新たな価値観を提示しているのではないでしょうか。

もちろん、彼らの時代感覚や価値観が必ずしも正しいとは限りません。その役割はあくまで私たちの関心を何かに向けて喚起するところまでです。あとは私たち自身がそれについて考え、さまざまな思いを巡らし、最終的には自分で判断を下すべきなのです。

たとえば先ほどのマンモス復活計画ですが、マンモスまで遡らなくても、これまで私たち人類が絶滅に追い込んだ数多くの動物たちを蘇らせるのは、人類の義務と言えるかもしれません。

二〇一九年五月、国連環境計画（UNEP）の政府間会合IPBESは、「人類のせいで動植物一〇〇万種が絶滅の危機に瀕している」と警告する報告書を発表しました[10]。

同報告書によると、これほど多くの生物を絶滅の危機にさらしている主な要因は、人類による土地利用の変化だといいます。一九八〇年から二〇〇〇年の間に失われた熱帯雨林の面積は約一億ヘクタール。また一七〇〇年に存在した湿地帯の八五パーセントが二〇〇〇年までに失われました。それによって耕地・都市面積が急増したことで、かつてないほど大量の生物種が死滅しています。

海洋でも同様の事態が進行中です。魚は過去に類を見ないほど乱獲され、二〇一五年には水産資源の三三パーセントが持続不能なまでに獲り尽くされました。サンゴ礁は過去一五〇年間でほぼ半減。観測可能な最も初期の状態と比較し、自然界の生態系は四七パーセント衰退しました。

それは単に動植物だけに限らず、それらに囲まれて生きる私たち人類にも深刻な影響を与えます。農作物の受粉を助ける蜂がいなくなれば食料危機を招き、土壌に水を蓄える森林が破壊されれば洪水が引き起こされます。環境を破壊する人類は、自分たちの首を絞めているのです。

過去にも幾度となく公にされてきた、この種の調査結果に接して、いつも感じるのは絶望的なまでの無力感です。七〇億人を超える地球人口が集合的に引き起こす森林破壊や海洋・河川などの汚染は、個々の人間がどれほど痛ましく感じても、もはや手の施しようがないという印象を受けます。

ＩＰＢＥＳの報告書は、生物多様性を確保するために「ＧＤＰなど経済成長を重視する価値観」の見直し、あるいは「野菜中心の食生活」などライフスタイルの抜本的な改革、さらに「再生可能エネルギーへの投資」などを推奨していますが、いずれも「言うは易《やす》し、行うは難し」の典型です。

これに対し、チャーチ教授の目指すようにゲノム編集など科学の力で、過去に失われた動植物など数々の生物種を復活させることができるとしたらどうでしょう？　私たち人類はもう一度、自分たちの力で地球環境を取り戻そうとする勇気と、手応えのある希望を与えられるかもしれません。

もっとも、こうした突飛な意見には多くの反論が聞かれそうです――「復活を遂げた生物種が現代の生態系にフィットする保証はない」「食糧問題や難病の克服など科学本来の目的を差し置いて、このように荒唐無稽な研究を行う価値があるのか」等々。

さらに、より根本的な問題として「西欧文明の根幹をなす科学万能の考え方こそ、今日の環境破壊を招いた主な要因だ。そうである以上、人類はなるべく、科学技術による自然への介入を避けるべきではないか」という意見には、多くの人たちが首肯するでしょう。

クリスパー共同発明者のダウドナ教授は自著の中で「これらの問題の多くは、突き詰めれば『人間は自然とどう関わるべきか』という難しい問いに帰着する」と語っています。(11)

産業革命以降の近代を通じて、これは終始変わらぬ問い掛けですが、ゲノム編集や遺伝子ドライブなどの登場によって今、新たな光が当てられようとしています。

科学の発達がある一線を超えたとき、私たち人類は環境破壊など生態系のダメージを、科学の力で修復する決断を下すでしょうか？　それは抑えがたいほどに魅力的ですが、滑りやすい坂道のように危うい試みでもあります。

本来こんな手を打つ前に、私たち自身の価値観や生き方を変えることによって対処すべき問題ではないか――これが筆者個人の偽らざる思いです。

おわりに――ゲノム編集は二一世紀の優生思想につながるのか

日本の生殖医療、特に「着床前診断」を巡る状況が大きく変わろうとしています。

着床前診断とは、体外受精で得られた受精卵の染色体やそこに含まれる遺伝子を検査し、流産や（生まれてくる子どもに）将来起こり得る遺伝性疾患の可能性を診断、これに基づいて異常のない受精卵だけを子宮に移植する医療行為です。

これまで日本産科婦人科学会では「命の選別につながる」といった懸念から、染色体異常で流産を繰り返したり、子どもに「命に危険が及ぶ遺伝性疾患」の可能性がある場合以外、着床前診断は原則禁止としてきました。

こうした中で同学会は、失明に至る病気など「日常生活を強く損なう症例」も着床前診断の対象として認める方向で検討を始めています。今後は着床前診断の対象となる病気の種類や実施件数が増えるとの見方が強まっています。

着床前診断に対するスタンスは国によって異なります。

米国では宗教上の理由から人工妊娠中絶が国論を二分する大問題と見られているのとは対照的に、着床前診断はほぼ何の制限もなく自由に行われています。

英国では「遺伝的異常について特別のリスクがある場合」など限定的ですが、着床前診断は認められています。

着床前診断を巡る状況は今後、日本だけでなく諸外国でも変化していくと見られます。

その理由は、生命の設計図を書き変えるゲノム編集のヒト受精卵に対する適用が、技術的にはほぼ射程圏内に入ってきたからです。いずれオフターゲット効果のような問題が解決された暁には、それは確実になるでしょう。

仮に着床前診断で受精卵に何らかの先天性疾患を引き起こす染色体・遺伝子異常が確認された場合、今後はそれをゲノム編集で治療し、正常なものにしてから子宮に移植する――そのような新しい形の生殖医療も、科学者の視界にはすでに入ってきているはずです。

しかし、そこには乗り越えなければならない大きな壁が待ち受けています。それは人類が過去に犯した過ちです。

かつて多くの国々は、優生学的な思想に基づいて（国が恣意的に決めた）「望ましくない子」が生まれることを防ぐための政策を推し進めてきました。

二〇世紀初頭の米国では知的障害を持つ女性に断種手術を強制することを裁判所が認め、一九〇六年にノーベル平和賞を受賞したセオドア・ルーズベルト大統領さえ優生学を支持していたと伝えられます。

ドイツでは一九三三年のナチス政権樹立を経て、「遺伝的な疾患を有する子孫を予防する法律」と名付けられた断種法が成立。本人の同意を得ることなく、国が障碍者《しょうがいしゃ》らに強制的に断種手術を施すことが合法化されました。これに従い、一九四五年までに約四〇万人が断種され、その被害者は当時のドイツ国民の約二〇〇人に一人に上ったと見られます。

日本でも太平洋戦争直前の一九四〇年にナチス断種法に倣った「国民優性法」が成立し、戦後の一九四八年には「優生保護法」が施行。これ以降、一九九六年に「母体保護法」へと改正されるまで長期間にわたって、障碍者らに対する断種手術が行われてきました。

これまで日本では、着床前診断の以前から存在する出生前診断に対しても根強い批判の声が聞かれました。それは二〇世紀に諸国家が行った断種手術と同様、「望ましくない子」が生まれることを未然に防ぐ行為だというのです。「命の選別」といった否定的な表現も恐らくはそうした考え方から生まれたのでしょう。

しかし当時の断種手術は本人の同意なしに国家が強制的に実施しましたが、現在の出生・着床前診断は妊婦・夫婦ら当事者が望んで受けるものです。両者を混同してはいけないと思います。「健康な子を授かりたい」という夫婦の願いに何らやましいところは感じられません。なぜ、その願いが許されないのでしょうか？

もちろん、これらの診断に対してはさまざまな立場・角度から懸念や批判が提起されていることは筆者も承知しております。また過去に人類が犯した過ちを忘れてはならないことは言うまでもありません。しかし過去に足をとられて、これからの時代を生きる人たちの権利を否定することこそ、同じ過ちを二度繰り返すことになるのではないでしょうか。着床前診断や今後のゲノム編集のような新たな生殖医療に対して、本当に懸念すべきことは、むしろその技術的乱用でしょう。

日本では、着床前診断による男女の産み分けは日本産科婦人科学会が認めていませんが、米国では行うことができます。筆者の個人的感想では、これは技術の乱用に思えますが、やはり置かれた立場や状況に応じて見方は分かれるかもしれません。

しかし、どこかで法的・社会的な線引きは必要です。問題は技術の進歩に伴い、その線引きを誤るケースが今後出てくるのではないかということです。

二〇一九年八月、米国で「同性愛の遺伝的要因」に関する調査結果が発表されました。この調査を実施した米国を中心とする共同研究チームは、英バイオバンクなどから取得した約四七万八〇〇〇人の男女のＤＮＡデータをＧＷＡＳで解析。そこから同性愛と遺伝子の関係が浮かび上がってきました。

それによれば同性愛は確かに遺伝的要因に左右されますが、それはたった一個の「ゲイ遺伝子」といったものではなく、むしろ微小な影響力を持つ遺伝子が数千個も関与することによって形成されます。それらの中でも比較的目立った影響力を持つ五個の遺伝子も特定されました。

これら多数の遺伝子は同性愛の要因全体の約三分の一を占め、残りの約三分の二は環境・社会的要因であることが分かりました。

しかし、この調査研究に対しては、米国のＬＧＢＴ団体（性的少数派のグループ）などから強い批判が浴びせられました。そうした団体関係者の一人は、「ニューヨーク・タイムズ」紙に掲載された記事の中で「仮にいかなる差別も存在しない世界であれば、（同性愛のような）人間の行動様式を理解することは高貴な目標だ。しかし今の我々が生きている世界はそうではない」と語っています。

ＬＧＢＴ団体の関係者らが危惧しているのは、この種の調査結果が同性愛者への差別や不当な圧力を助長する恐れがあることです。

今回の調査で「同性愛を形成する要因の三分の二は環境・社会的なものである」という結果が導かれましたが、これは従来、同性愛への反対者らが主張してきた「同性愛は環境の産物であり、転向療法によって変えることができる」という疑似科学的な主張に加担してしまいます。

また「同性愛を形成する要因の三分の一は遺伝的なものである」という結果も、「そうであるなら、受精卵へのゲノム編集によってその部分も治療できるはずだ」という口実を彼らに与えてしまいます。

今後、ゲノム科学の導入によって劇的な進展が見込まれる生殖医療。その行方は予断を許しません。

二〇一九年一一月

小林雅一

参考文献

第一章

（1）「遺伝子が決め手？　『DNA婚活』とは!?」NHKニュース「おはよう日本」二〇一八年一一月一三日

（2）Michael Standaert, “In China, some parents seek an edge with genetic testing for tots,” MIT Technology Review, Feb. 19, 2019

（3）Kira Peikoff, “I Had My DNA Picture Taken, With Varying Results,” *The New York Times*, Dec. 30, 2013

（4）The Editorial Board, “Why You Should Be Careful About 23andMe's Health Test,” *The New York Times*, Feb. 1, 2019

（5）Yaniv Erlich et al., “Identity inference of genomic data using long-range familial searches,” *Science*, Nov. 9, 2018

（6）Daniel Engber, “Who's Your Daddy？ The perils of personal genomics,” SLATE, May 21, 2013

（7）Gina Kolata, “With a Simple DNA Test, Family Histories Are Rewritten,” *The New York Times*, Aug. 28, 2017

（8）Damian Garde, “‘What's my real identity？’: As DNA ancestry sites gather more data, the answer for consumers often changes,” STAT, May 22, 2019

（9）村中璃子「遺伝子検査ビジネスは『疫学』か『易学』か（前篇・後篇）」WEDGE Infinity、二〇一四年一二月一五、一六日

（10）まんだももゆき「2社の検査結果が真逆！　星占いか？　遺伝子検査、受けてみました【最終回】」日経Ｇｏｏｄａｙ、二〇一四年一〇月三〇日

（11）大下淳一「あの遺伝子検査のブーム、一過性で終わるのか？」日経デジタルヘルス、二〇一七年九月二七日

（12）「模索続く遺伝子検査サービス　がん特化メニューで裾野拡大図るＤｅＮＡ」日経情報ストラテジー、二〇一五年九月三日

（13）James J. Lee et al., "Gene discovery and polygenic prediction from a genome-wide association study of educational attainment in 1.1 million individuals," *Nature Genetics*, Jul. 23, 2018

（14）Clare Wilson, "Exclusive: A new test can predict IVF embryos' risk of having a low IQ," *New Scientist*, Nov. 15, 2018

（15）Carl Zimmer, "Genetic Intelligence Tests Are Next to Worthless," *The Atlantic*, May 29, 2018

（16）「『着床前診断』対象拡大へ　生活に著しい影響の遺伝性の病気も」ＮＨＫサイカルジャーナル、二〇一九年四月四日

（17）K. Yamazaki et al., "Control of mating preferences in mice by genes in the major histocompatibility complex," *Journal of Experimental Medicine*, Nov. 2, 1976

（18）Jackie Mansky, "The Dubious Science of Genetics-Based Dating," Smithsonian.com, Feb. 14, 2018

第二章

（1）野村聖子「中国で『ゲノム編集ベビー』誕生！　日本の第一人者が語る課題と巻き返し策」DIAMOND online、二〇一九年三月二六日

（2）Leonela Amoasii et al., "Gene editing restores dystrophin expression in a canine model of Duchenne muscular dystrophy," *Science*, Oct. 5, 2018

（3）Preetika Rana et al., "China, Unhampered by Rules, Races Ahead in Gene-Editing Trials," *The Wall Street Journal*, Jan. 21, 2018

（4）Hong Ma et al., "Correction of a pathogenic gene mutation in human embryos," *Nature*, Aug. 2, 2017

（5）Xinzhu Wei & Rasmus Nielsen, "CCR5-Δ32 is deleterious in the homozygous state in humans," *Nature Medicine*, Jun. 3, 2019

（6）Sharon Begley, "Fertility clinics around the world asked 'CRISPR babies' scientist for how-to help," STAT, May 28, 2019

（7）野村聖子「福音か災厄か『ゲノム編集』産業の幕開け」週刊ダイヤモンド、二〇一九年三月三〇日号

（8）Sharon Begley, "As calls mount to ban embryo editing with CRISPR, families hit by inherited diseases say, not so fast," STAT, Apr. 17, 2019

(9) Emma Haapaniemi et al., "CRISPR-Cas9 genome editing induces a p53-mediated DNA damage response," *Nature Medicine*, Jun. 11, 2018
(10) Michael Kosicki et al., "Repair of double-strand breaks induced by CRISPR-Cas9 leads to large deletions and complex rearrangements," *Nature Biotechnology*, Jul. 16, 2018
(11) Zhi-Kun Li et al., "Generation of Bimaternal and Bipaternal Mice from Hypomethylated Haploid ESCs with Imprinting Region Deletions," *Cell Stem Cell*, Oct. 11, 2018
(12) Maya Wei-Haas, "Same-sex mouse parents give birth via gene editing," *National Geographic*, Oct. 11, 2018
(13) Megan Molteni, "US Biotech firms made China's gene-edited babies possible," WIRED, Nov. 30. 2018

第三章

(1) Megan Molteni「史上初、ゲノム編集された〝作物〟が食卓にやってくる」ワイアード・ジャパン、二〇一九年四月五日
(2) Preetika Rana and Lucy Crayner, "Big Tongues and Extra Vertebrae: The Unintended Consequences of Animal Gene Editing," *The Wall Street Journal*, Dec. 14, 2018
(3) 八田浩輔「ゲノム編集は『遺伝子組み換え』　想定外の判決が広げる波紋」毎日新聞ニュースサイト、二〇一八年七月二八日

（4）石堂徹生「ゲノム編集で食は安全か」エコノミスト、二〇一九年一月二二日号
（5）須田桃子「ゲノム編集食品『食べたくない』4割　東大調査　今夏にも解禁」毎日新聞ニュースサイト、二〇一九年六月五日
（6）Kenneth Chang, “These Foods Aren't Genetically Modified but They Are 'Edited',” *The New York Times*, Jan. 9, 2017

第四章

（1）Gina Kolata and Heather Murphy, “The Golden State Killer is Tracked Through a Thicket of DNA, and Experts Shudder,” *The New York Times*, Apr. 27, 2018
（2）Kristen V Brown, “A Researcher Needed Three Hours to Identify Me from My DNA,” *Bloomberg Businessweek*, Apr. 12, 2019
（3）Wenxin Fan et al., “China Snares Innocent and Guilty Alike to Build World's Biggest DNA Database,” *The Wall Street Journal*, Dec. 26, 2017
（4）Kyros Kyrou et al., “A CRISPR-Cas9 gene drive targeting doublesex causes complete population suppression in caged Anopheles gambiae mosquitoes,” *Nature Biotechnology*, Sep. 24, 2018
（5）Ike Swetlitz, “For the first time, researchers will release genetically engineered mosquitoes in Africa,” STAT, Sep. 5, 2018
（6）Elisabetta Barbi et al., “The plateau of human mortality: Demography of longevity pioneers,”

Science, Jun. 29, 2018
（7）Carl Zimmer, "How Long Can We Live?　The Limit Hasn't Been Reached, Study Finds," *The New York Times*, Jun. 28, 2018
（8）Xiao Dong et al., "Evidence for a limit to human lifespan," *Nature*, Oct. 13, 2016
（9）Tad Friend, "Silicon Valley's quest to live forever," *The New Yorker*, Mar. 27, 2017
（10）"Nature's Dangerous Decline 'Unprecedented'; Species Extinction Rates 'Accelerating'," IPBES, May 6, 2019
（11）ジェニファー・ダウドナ他著、櫻井祐子訳『ＣＲＩＳＰＲ　究極の遺伝子編集技術の発見』文藝春秋、二〇一七年

小林雅一（こばやし　まさかず）

一九六三年、群馬県生まれ。KDDI総合研究所リサーチフェロー、情報セキュリティ大学院大学客員准教授。東京大学大学院理学系研究科を修了後、東芝、日経BP、慶應義塾大学メディア・コミュニケーション研究所などを経て現職。著書に『AIが人間を殺す日　車、医療、兵器に組み込まれる人工知能』(集英社新書)、『ゲノム編集とは何か「DNAのメス」クリスパーの衝撃』(講談社現代新書)など多数。

ゲノム革命《かくめい》がはじまる　DNA全解析《ぜんかいせき》とクリスパーの衝撃《しょうげき》

集英社新書〇九九七G

二〇一九年一一月二〇日　第一刷発行

著者……小林《こばやし》雅《まさ》一《かず》

発行者……茨木政彦

発行所……株式会社集英社

東京都千代田区一ツ橋二-五-一〇　郵便番号一〇一-八〇五〇

電話　〇三-三二三〇-六三九一(編集部)

〇三-三二三〇-六〇八〇(読者係)

〇三-三二三〇-六三九三(販売部)書店専用

装幀……原　研哉

印刷所……大日本印刷株式会社　凸版印刷株式会社

製本所……加藤製本株式会社

定価はカバーに表示してあります。

ISBN 978-4-08-721097-2 C0240

a pilot of wisdom

a pilot of wisdom

集英社新書　好評既刊

言い訳　関東芸人はなぜM-1で勝てないのか
ナイツ 塙 宣之　0987-B

M-1審査員が徹底解剖。漫才師の聖典とも呼ばれるDVD『紳竜の研究』に続く令和の漫才バイブル誕生！

資本主義の終わりか、人間の終焉か？　未来への大分岐
マルクス・ガブリエル／マイケル・ハート／ポール・メイソン／斎藤幸平・編　0988-A

「人間の終わり」や「サイバー独裁」のようなディストピアを退ける展望を世界最高峰の知性が描き出す！

自己検証・危険地報道
安田純平／危険地報道を考えるジャーナリストの会　0989-B

シリアで拘束された当事者と、救出に奔走したジャーナリストたちが危険地報道の意義と課題を徹底討議。

保護者のための　いじめ解決の教科書
阿部泰尚　0990-E

頼りにならなかった学校や教育委員会を動かすこともできる、タテマエ抜きの超実践的アドバイス。

「国連式」世界で戦う仕事術
滝澤三郎　0991-A

世界の難民保護に関わってきた著者による、国連という競争社会を生き抜く支えとなった仕事術と生き方論。

「地元チーム」がある幸福　スポーツと地方分権
橘木俊詔　0992-H

ほぼすべての都道府県に「地元を本拠地とするプロスポーツチーム」が存在する意義を、多方面から分析。

堕ちた英雄　「独裁者」ムガベの37年
石原 孝　0993-N 〈ノンフィクション〉

ジンバブエの英雄はなぜ独裁者となったのか。最強の独裁者、世界史的意味を追ったノンフィクション。

都市は文化《アート》でよみがえる
大林剛郎　0994-B

文化や歴史、人々の営みを無視しては成立しえない、真に魅力的なアートと都市の関係性を考える。

いま、なぜ魯迅か
佐高 信　0995-C

まじめで従順な人ばかりの国には「批判と抵抗の哲学」が必要だ。著者の思想的故郷を訪ねる思索の旅。

国家と記録　政府はなぜ公文書を隠すのか？
瀬畑 源　0996-A

歴史の記述に不可欠であり、国民共有の知的資源である公文書のあるべき管理体制を展望する。

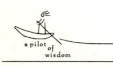